高等学校教材

有机化学实验

（供医学类、药学类、生物类和农学类等专业使用）

王　宁　李兆楼　主　编

王洪恩　王　军
徐志强　王守信　副主编

U0301629

化学工业出版社

·北京·

本书按基本操作、性质实验和制备实验组织内容，在实验项目选取上以够用、实用、体现专业特色为原则，通过本书各实验的训练，既能提高学生的动手能力、操作能力，又能让学生切实体会到化学与药学、医学的联系，为后续的专业学习打下良好的基础。

本书可作为药学、医学、生物学、农学等专业的教材，也可供相关工作者参考。

图书在版编目（CIP）数据

有机化学实验/王宁，李兆楼主编．—北京：化学工业
出版社，2013.1（2023.1重印）
高等学校教材
ISBN 978-7-122-15988-5

Ⅰ．①有⋯　Ⅱ．①王⋯②李⋯　Ⅲ．①有机化学-化学实
验-高等学校-教材　Ⅳ．①O62-33

中国版本图书馆 CIP 数据核字（2012）第 288604 号

责任编辑：宋林青　　　　　　　　　　装帧设计：关　飞
责任校对：吴　静

出版发行：化学工业出版社（北京市东城区青年湖南街 13 号　邮政编码 100011）
印　　装：北京天宇星印刷厂
787mm×1092mm　1/16　印张 7　字数 170 千字　　2023 年 1 月北京第 1 版第 4 次印刷

购书咨询：010-64518888　　　　　　　售后服务：010-64518899
网　　址：http://www.cip.com.cn
凡购买本书，如有缺损质量问题，本社销售中心负责调换。

定　　价：16.00 元

《有机化学实验》编写组

主　编　王　宁　李兆楼

副主编　王洪恩　王　军　徐志强　王守信

编　者　（以姓氏笔画为序）

丁　林　王　宁　王　军　王洪恩

王守信　孔凡栋　孔令栋　全先高

刘　君　李兆楼　李振泉　张　波

宋丽敏　贾少辉　徐志强　凌爱霞

前　言

为了适应 21 世纪高等医学、药学教育发展的需要，培养本科生扎实的有机化学实验基本知识和基本技能，提高学生的实验操作能力和创新思维的综合素质，我们根据高等医学院校药学专业的有机化学教学大纲要求和 12 年教学实践与教学改革的经验总结，编写了本实验教材。本书可供高等医学院校本科医学类、药学类、生物学类以及农学、食品科学等专业使用。

本书涉及有机化学实验基础知识、实验室基本操作技能、基本有机化合物的性质实验、重要有机化合物的制备实验及综合素质能力运用的设计性实验等几方面的内容，共选编了 26 个典型实验并有附录供实验操作者参考查阅。

本实验教材具有如下几个特点。

（1）突出基本技能、强调学生能力的培养。多年的本科教学实践经验告诉我们，有机化学实验作为药学等专业的专业基础课，在培养学生的基本操作能力、为后续课程打基础以及养成良好实验习惯等方面极其重要。所以，在内容上，我们精心安排了实验基础知识、基本操作、基本有机化合物的性质等。

（2）突出与药学、医学密切相关的有机化学实验内容，体现本教材的专业教学特色。我们精心选取了一些有关天然药物提取、合成药物的制备或药物中间体合成的相关内容，如实验十一、十三、十九、二十二、二十三等。

（3）以专题性、综合设计性实验安排，实现教学模式多样化。为了启迪学生进行创新性思维，发展综合素质和能力，在完成了基础性实验教学之后，可充分发挥学生的创造性和能动性，在教师的引导下，让学生设计实验方案并完成实验研究过程，如实验十、二十六等，可根据教学情况供各院校选用。

（4）本教材还在相应实验的开端添加了集知识性和趣味性于一体的小品文，供学生了解相关知识背景，扩展知识面，引发学生对该项实验的兴趣。

我们已将本实验教材结合药学、药物制剂、生物技术、生物工程等专业使用的国家级规划理论课教材，配套进行了 12 轮的教学实践，使其得以丰富和完善。在使用本教材过程中，可根据专业要求和学时安排，选取内容或调整顺序；也可作为独立的有机化学实验教材来使用。

由于编者水平有限，教材中的疏漏和不妥之处在所难免，敬请读者批评指正。

编者

2012 年 10 月

目　录

有机化学实验室规则

 有机化学是一门以实验为基础的学科，其教学目的是满足新世纪人才培养的基本要求，实现知识、能力、科学素质和创新精神的综合培养。为保证有机化学实验的正常进行，培养学生良好的实验习惯、严谨的科学态度，达到预期的教学目标，必须遵守如下规则。

 1. 切实做好实验前的一切准备工作。包括实验预习，按要求写出预习笔记；了解所用药品、器材；拟出实验计划，保证实验顺利进行。在做实验时，禁止边看边做，"照方配药"，若没有做好实验前的准备工作，不得进行实验。

 2. 进入实验室时，应熟悉实验室及其周围的环境，熟悉灭火器材、急救药箱的使用和放置的地方。严格遵守实验室的安全守则和每个具体实验操作中的安全注意事项。如有意外事故发生，应及时采取正确方法处置并报请老师进一步处理。

 3. 实验时应保持安静和遵守纪律，不得擅自离开。实验过程中要求精力集中、认真操作、细致观察、积极思考、忠实记录实验现象和数据。

 4. 遵从教师的指导，按照实验指导书所规定的步骤、试剂的规格和用量进行实验。若要更改，须征求老师同意后，方可改动。

 5. 保持实验室整洁。暂时不用的器材，不要放在桌面上。各种废弃物如火柴梗、废纸、塞芯和玻璃碎片等应分别放在指定的地点，不得乱丢，更不得丢入水槽；废酸和废碱应分别倒入指定的容器中统一处理。

 6. 爱护公共仪器和工具，并保持整洁。贵重精密仪器，应先了解其性能和操作方法，或在老师指导下使用。要节约水、电、煤气、药品和材料。实验结束后，玻璃仪器必须洗净后放回原处。如有损坏仪器要办理登记换领手续。

 7. 实验完毕离开实验室时，应把水、电、煤气和门窗关闭。值日生负责打扫实验室，把废物缸倒净。经老师同意后才能离开实验室。

实验室安全、事故预防与处理

有机化学实验室其实是一个潜在危险的场所。因为我们实验中经常要使用易燃、易爆、有毒、有腐蚀性的药品，如果粗心大意，违反了操作规程，就容易酿成着火、爆炸、烧伤、中毒等事故。但是，只要我们树立安全第一的思想，认真预习，了解实验中所用物品和仪器的性能、用途、可能发生的问题及预防措施，严格执行操作规程，提高警惕，就能有效地保证人身和实验室的安全，确保实验的顺利进行。下面介绍实验室的安全注意事项和实验室事故的预防和处理方法。

1. 实验室的一般注意事项

（1）实验开始前，应检查仪器是否完整无损，装置是否正确稳妥。蒸馏、回流和加热用仪器一定要和大气接通或与大气相接处套一气球❶。要了解实验所用药品的性能及危害和注意事项。

（2）实验进行时，不能擅自离开岗位，应该经常注意反应进行是否正常，仪器有无漏气、破裂等情况。

（3）有可能发生危险的实验，在操作时应加置防护屏或戴防护眼镜、面罩和手套等防护设备。易燃、易挥发物品，不得放在敞口容器中加热。

（4）实验中所用药品，不得随意散失、遗弃。对反应中产生有害气体的实验，应按规定处理，以免污染环境，影响身体健康。

（5）要熟悉安全用具如灭火器、砂桶以及急救箱的放置地点和使用方法，并妥加保管。安全用具及急救药品不准移作他用，或挪动存放位置。实验结束后要及时洗手，严禁在实验室内吸烟、喝水或吃食品。

2. 实验室事故的预防与处理

（1）火灾、爆炸、中毒及触电事故的预防

① 防火是有机实验中最多预先考虑的一项方案，因为我们实验中使用的有机溶剂大多是易燃的。防火的基本原则是使火源与溶剂尽可能离得远些，尽量不用明火直接加热。盛有易燃有机溶剂的容器不得靠近火源。数量较多的易燃有机溶剂应放在危险药品橱内，而不存放在实验室内。

回流或蒸馏液体时，应加入沸石以防溶液因过热暴沸而冲出。如果已经开始加热却发现未放沸石，则应停止加热，待稍冷后再加入沸石；否则，在过热的溶液中加入了沸石，可能会导致液体突然暴沸，冲出瓶外而引起火灾。不要用火焰直接加热烧瓶，而应依据液体沸点高低选择石棉网、油浴、水浴或电热套进行加热。冷凝水要保持畅通，若冷凝管忘记通水，大量蒸气来不及冷凝而逸出，也易造成火灾。反应过程中若需添加或转移易燃有机溶剂时，应暂时熄火或远离火源。切勿用敞口容器存放、加热或蒸去有机溶剂。如果离开实验室，一定要暂时关闭自来水和热源。

---

❶ 用密闭装置蒸馏、回流时，可能因产生不易冷凝的气体使体系内压力加大而导致爆炸。若在与空气相接处加一气球，既可使体系与空气隔绝，又可当体系内压力加大时，使气球膨胀或破裂，而不致发生意外事故

② 空气中混杂易燃有机溶剂的蒸气达到某一极限时，遇有明火即发生燃烧爆炸（表Ⅰ）。一般地，易燃有机溶剂（特别是低沸点溶剂）在室温时即具有较大的蒸气压，而且有机溶剂蒸气的密度都比空气大，会沿着桌面或地面飘移至较远处，或沉积在低洼处。因此，切勿将易燃溶剂倒入废物缸中。量取易燃溶剂要远离火源，在通风橱中进行。蒸馏易燃溶剂（特别是低沸点易燃溶剂）时，蒸馏装置要避免漏气，接收器支管应与橡皮管相连使余气通往水槽。

表Ⅰ 常用易燃溶剂蒸气爆炸极限

名称	沸点/℃	闪燃点/℃	爆炸范围(体积分数/%)
甲醇	64.96	11	6.72～36.50
乙醇	78.5	12	3.28～18.95
乙醚	31.51	−45	1.85～36.5
丙酮	56.2	−17.5	2.55～12.80
苯	80.1	−11	1.41～7.10

③ 使用易燃、易爆气体如氢气、乙炔等时，要保持室内空气畅通，严禁明火，并应防止一切火星的发生，因敲击、鞋钉摩擦、静电摩擦、马达炭刷或电器开关等所产生的火花，都可能引发易燃、易爆气体发生爆炸（表Ⅱ）。

表Ⅱ 易燃气体爆炸极限

气体		空气中的含量(体积分数/%)
氢气	H_2	4～74
一氧化碳	CO	12.50～74.20
氨	NH_3	15～27
甲烷	CH_4	4.5～13.1
乙炔	C_2H_2	2.5～80

④ 煤气开关应经常检查，并保持完好。煤气灯及其橡皮管在使用时亦应仔细检查，发现漏气应立即熄灭火源，打开窗户，用肥皂水检查漏气地方。若不能自行解决时，应迅速告诉指导老师，马上抢修。

⑤ 常压操作的装置切勿形成密闭体系，应使装置内部与外部大气相通。减压蒸馏时，要用圆底烧瓶或吸滤瓶作接收器，不可用锥形瓶，否则可能会发生炸裂。高压操作时（如高压釜、封管等），应经常注意釜内压力有无超过安全负荷；要有一定的防护措施，选用封管的玻璃厚度要均匀、适当。

⑥ 有些有机化合物，遇到氧化剂时会发生猛烈爆炸或燃烧，操作时应特别小心。存放药品时，要将氯酸钾、过氧化物、浓硝酸等强氧化剂与有机试剂分开存放，避免发生事故。

⑦ 开启贮有挥发性液体的瓶塞和安瓿瓶时，必须先充分冷却，然后开启；开启安瓿瓶时需用布包裹，瓶口必须指向无人处，以免由于液体喷溅而遭致伤害。如遇瓶塞不易开启，必须考虑瓶内贮物的性质，不可贸然用火加热或乱敲瓶塞等。

⑧ 有些反应可能生成危险性的（副）产物，操作时需特别小心。使用易爆炸性的试剂如叠氮化物、干燥的重氮盐、硝酸酯、多硝基化合物等时须严格遵守操作规程，防止蒸干溶剂或震动。某些化合物如醚或共轭烯烃，久置后会生成易爆炸的过氧化合物，须特殊处理后才能使用。

⑨ 对于有毒药品，使用时应认真操作，不许乱放，做到用多少，领取多少。实验中所

用的剧毒物质，应有专人收发，并提醒必须遵守的操作规程。实验的有毒残渣，必须作妥善处理，不准乱丢。

⑩ 接触有毒物质时，必须戴橡皮手套，防止其渗入皮肤；操作后应立即洗手，切勿让有毒物品沾及五官或伤口，避免造成中毒死亡事故。

⑪ 对于产生有毒气体的实验，一定要在通风橱内进行。使用后的器皿应及时清洗。当实验开始后，不要把头伸入通风橱内。

⑫ 使用电器时，不要用湿的手或手握湿物接触电插头。装置和设备的金属外壳等都应连接地线，防止触电。实验完毕，应先切断电源，再将连接电源的插头拔下。

（2）事故的处理和急救

① 火灾

一旦发生了火灾，不要惊慌失措，应保持沉着并立即采取各种相应措施，以减少事故损失。首先，应迅速熄灭关闭所有火源，切断电源，移开易燃物质。锥形瓶内溶剂着火可用石棉网或湿布盖灭。小火可用湿布或黄沙盖灭。火势较大时，应视具体情况采取具体措施。

四氯化碳灭火器：用以扑灭电器内或电器附近之火。但不能在狭小和通风不良的实验室中应用，因为四氯化碳在高温时会生成剧毒的光气；此外，四氯化碳和金属钠接触也会发生爆炸。使用时只需连续抽动灭火器唧筒，四氯化碳即会由喷嘴喷出。

二氧化碳灭火器：它是有机实验室中最常用的一种灭火器。其钢筒内装有压缩的液态二氧化碳，使用时打开开关，二氧化碳气体即会喷出，用以扑灭有机物及电器设备的着火。使用时应注意，一手提灭火器，一手应握在喇叭筒的把手上，因为喷出的二氧化碳压力骤然降低，温度也骤降，手若握在喇叭筒上易被冻伤。

泡沫灭火器：内部装有隔离开的碳酸氢钠溶液和硫酸铝溶液，使用时将筒身颠倒，两种溶液即反应生成硫酸氢钠、氢氧化铝及大量二氧化碳，灭火器筒内压力突然增大，大量二氧化碳泡沫喷出。非大火通常不用泡沫灭火器，因灭火后处理较麻烦。

总的来说，无论用何种灭火器，皆应从火的四周开始向中心扑灭。油浴和有机溶剂着火时，绝对不能用水浇，因为这样反而会使火焰蔓延开来。若衣服着火，切勿奔跑，用厚的外衣包裹使其熄灭。较严重者应躺在地上（以免火焰烧向头部）用防火毯紧紧包住，直至火灭，或打开附近的自来水开关用水冲淋熄灭。烧伤严重者，应急送医院治疗。

② 割伤

先取出伤口中的玻璃或固体物，用蒸馏水洗后涂上碘伏，用绷带扎住或敷上创可贴药膏。大伤口则应先按紧主血管，以防止大量出血，立即送医院治疗。

③ 烫伤

轻伤涂以玉树油或鞣酸油膏，重伤则涂以烫伤油膏后送医院。

④ 试剂灼伤

酸：立即用大量水洗，再以 3%～5%碳酸氢钠溶液洗，最后用水洗。严重时要消毒，拭干后涂烫伤油膏。

碱：立即用大量水洗，再以 1%～2%硼酸溶液洗，最后用水洗。严重时要消毒，拭干，涂烫伤油膏。

溴：立即用大量水洗，再用酒精擦至无溴液存在为止，然后涂上甘油或烫伤油膏。

钠：可见的小块金属钠要用镊子移去，其余与碱灼伤处理相同。

⑤ 试剂或异物溅入眼内

若异物溅入眼内，要先洗涤，急救后送医院。

酸：用大量水洗，再用 1% 碳酸氢钠溶液洗。

碱：用大量水洗，再用 1% 硼酸溶液洗。

溴：用大量水洗，再用 1% 碳酸氢钠溶液洗。

玻璃：用镊子移去碎玻璃，或在盆中用水洗，切勿用手揉。

⑥ 中毒

若有毒试剂溅入口中，要立即吐出，再用大量水冲洗口腔。若已吞下，应根据毒物性质给以解毒剂，并立即送医院。

腐蚀性毒物：对于强酸，先饮大量水，然后服用氢氧化铝膏、鸡蛋清；对于强碱，也应先饮大量水，然后服用醋、酸果汁、蛋清。不论酸或碱中毒皆再灌注牛奶，不要吃呕吐剂。

刺激剂及神经性毒物：先给牛奶或鸡蛋清使之立即冲淡和缓解，再用一大匙硫酸镁（约 30g）溶于一杯水中催吐。有时也可用手指伸入喉部促使呕吐，然后立即送医院。

若吸入有毒气体，要迅速将中毒者移至室外，解开衣领及纽扣。吸入少量氯气或溴者，可用碳酸氢钠溶液漱口。

为了处理事故需要，实验室一般应备有急救箱，内置以下物品。

（1）绷带、纱布、脱脂棉花、橡皮膏、医用镊子、剪刀等。

（2）凡士林、创可贴、玉树油或鞣酸油膏、烫伤油膏及消毒剂等。

（3）醋酸溶液（2%）、硼酸溶液（1%）、碳酸氢钠溶液（1% 及饱和）、医用酒精、甘油、红汞、龙胆紫等。

有机化学实验常用玻璃仪器

进行有机化学实验时。所用的器具有玻璃仪器、金属用具、电学仪器及一些其他设备。在使用时，有的公用，有的由个人保管使用，兹仅将玻璃仪器介绍如下。

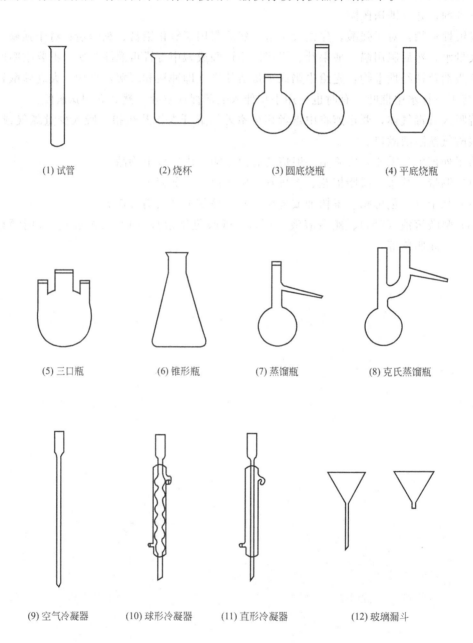

(1) 试管　　(2) 烧杯　　(3) 圆底烧瓶　　(4) 平底烧瓶

(5) 三口瓶　　(6) 锥形瓶　　(7) 蒸馏瓶　　(8) 克氏蒸馏瓶

(9) 空气冷凝器　　(10) 球形冷凝器　　(11) 直形冷凝器　　(12) 玻璃漏斗

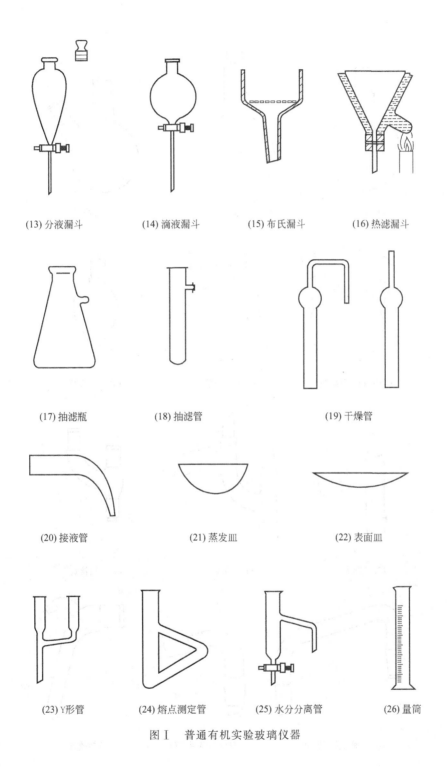

(13) 分液漏斗　　(14) 滴液漏斗　　(15) 布氏漏斗　　(16) 热滤漏斗

(17) 抽滤瓶　　　(18) 抽滤管　　　(19) 干燥管

(20) 接液管　　　(21) 蒸发皿　　　(22) 表面皿

(23) Y形管　　(24) 熔点测定管　　(25) 水分分离管　　(26) 量筒

图 I　普通有机实验玻璃仪器

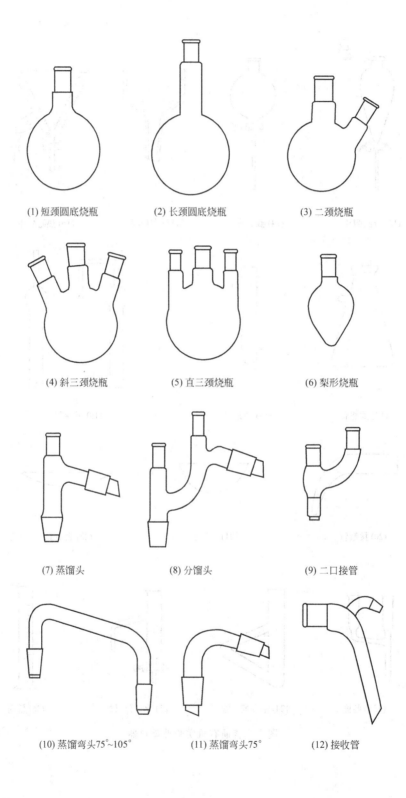

(1) 短颈圆底烧瓶　　(2) 长颈圆底烧瓶　　(3) 二颈烧瓶

(4) 斜三颈烧瓶　　(5) 直三颈烧瓶　　(6) 梨形烧瓶

(7) 蒸馏头　　(8) 分馏头　　(9) 二口接管

(10) 蒸馏弯头75°~105°　　(11) 蒸馏弯头75°　　(12) 接收管

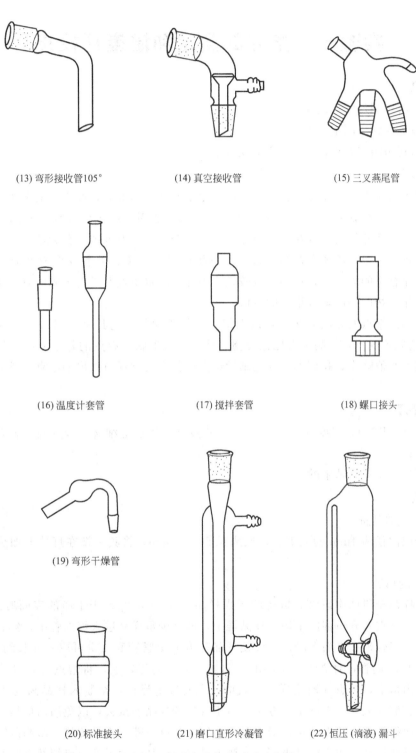

(13) 弯形接收管105°　　(14) 真空接收管　　(15) 三叉燕尾管

(16) 温度计套管　　(17) 搅拌套管　　(18) 螺口接头

(19) 弯形干燥管

(20) 标准接头　　(21) 磨口直形冷凝管　　(22) 恒压 (滴液) 漏斗

图Ⅱ　标准口有机实验玻璃仪器

实验一　熔点的测定和温度计校正

【实验目的】

1. 了解熔点测定的原理及意义。
2. 掌握毛细管法测定熔点的操作方法。
3. 熟悉利用测定熔点校正温度计的方法。

【实验原理】

在标准大气压下，固体化合物加热到一定温度时转变为液态，在固、液两相达成平衡时的温度，称为该化合物的熔点（melting point）。纯净的固体有机化合物一般都有固定和非常敏锐的熔点，从开始熔化（初熔）至完全熔化（全熔）的温度范围称为熔点距，也称为熔点范围或熔程，纯净的固体有机物熔程一般不超过 $0.5\sim1℃$。当物质含有杂质时，其熔点会比纯固体化合物的熔点低，且熔程也较长。因此，测定熔点对于鉴定固体有机化合物和定性判断固体化合物的纯度具有很大的价值。

目前，测定熔点的方法有多种，以毛细管法较为简便，它具有省时、省料（只需几毫克）、测量精确等优点，是测定有机化合物（结晶或粉末状）熔点的基本方法。此法所得数据比平衡温度真值略高，我们称它为毛细管熔点，化学文献资料给出的熔点多是毛细管熔点数据。

【仪器、药品】

提勒管（b 形管），温度计（0～150℃），橡皮塞，熔点毛细管，橡皮圈，表面皿，酒精灯，铁架台；

液体石蜡，尿素，苯甲酸。

【实验步骤】

1. 熔点管的制备

一般选取内径约 1mm 的毛细管，截成长 60～70mm，将其一端在灯焰上加热封死，制成熔点管。

2. 样品的填装

将待测样品于研钵中研细，取待测干燥样品（0.1～0.2g）于干净的表面皿或玻片上，聚成小堆，将熔点管开口端向下插入样品堆中，即有少量样品进入熔点管中，然后把熔点管开口端向上，轻轻地在桌面上敲击，以使样品落入并填紧管底。也可取一支长约 40cm，直径约 0.5cm 的玻璃管，直立于一干净的表面皿（或玻璃片）上，将熔点管开口端朝上从玻璃管上端自由落下，可更好地达到上述目的。重复以上操作，至装入样品高度 2～3mm 为止。每次不宜装入太多，否则不易夯实。沾于管外的样品须拭去，以免沾污加热浴液。待测样品一定要研得极细，装得结实，受热时才均匀，若有空隙，不易传热，影响测定结果。研磨和填装样品要迅速，防止样品吸潮。若测定蜡状的样品，为了解决研细及装管的困难，需要选用较大直径（2～3mm）的熔点管。

3. 熔点浴

　　毛细管法测定熔点的装置很多，熔点浴也有不同的设计方式，设计的熔点浴要具有受热均匀、便于控制和观察温度的特点。以下是两种在实验室中最常用的熔点浴。

　　（1）提勒（Thiele）管（又称 b 形管或熔点测定管），如图 1（a）所示。熔点测定管口配一缺口单孔木塞，温度计插入孔中，刻度应向软木塞缺口。将装好样品的熔点管用少许浴液附在温度计上，或用橡皮圈套在温度计上，将此橡皮圈套在温度计和熔点管的上部［见图1（d）］[1]。使装样品的一端位于温度计水银球侧面的中间部位［见图1（c）］。温度计插入熔点测定管中的深度以水银球在熔点测定管的两侧管的中部为宜。b 形管中装入加热液体（浴液）[2]，使液面高度高出其上侧管时即可。在图 1（a）所示的部位加热，使侧管内浴液因受热而上升流动循环。

　　（2）双浴式如图 1（b）所示。将试管经开口软木塞插入一平底（或圆底）烧瓶内，离烧瓶瓶底约 1cm 处，温度计通过开口软木塞插入试管口，温度计水银球距试管底约 0.5cm。瓶内装入约占烧瓶 2/3 体积的加热液体（浴液），试管内也放入一些加热浴液，在插入温度计后，其液面高度与瓶内液面相同。熔点管粘附于温度计水银球旁，与在 b 形管中相同。

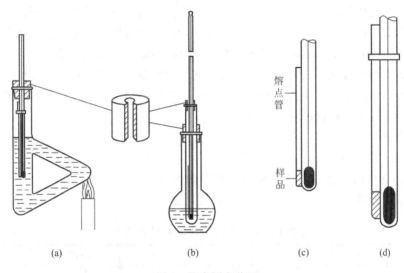

（a）　　　　　　（b）　　　　　（c）　　（d）

图 1　熔点测定装置

4. 熔点的测定

　　（1）毛细管熔点测定法　　将 b 形管夹在铁架台上，装入液体石蜡作为浴液，按上述方法安装好温度计和熔点管。将 b 形管加热，开始时加热升温速度可较快（每分钟 4～6℃）。当温度与被测试样的熔点相差 10～15℃时，调整火焰使升温速度在每分钟 1～2℃，小心观察熔点管内待测样品变化情况。升温速度是准确测定熔点的关键。记录熔点管内样品开始塌陷并有液相产生（初熔）时至样品刚好全部变成澄清液体（全熔）时的温度范围，即为该化合物熔点的熔程。

　　熔点测定应有至少两次平行测定的数据，每次都必须用新的熔点管另装样品测定，同时需等浴液温度下降至样品熔点以下 20～30℃，才能进行下一次测定。对于未知样品，可用较快的加热速度粗测一次，了解大致的熔点范围，然后另装样品，再精确测定两次。

　　测定完毕，浴液要待冷却后方可倒回瓶中。温度计不能马上用冷水冲洗，最好用纸擦净，冷却后再用水冲洗，以免温度计炸裂。

　　（2）用熔点测定仪测定熔点　　熔点测定仪主要由电加热系统、温度计和显微镜组成（见

图 2）。此法用量少，能精确观察到晶体受热熔化的过程。测定熔点时，样品放在两片洁净的载片玻璃之间，置于热浴中，调节显微镜高度，观察被测物质的晶形。打开电源开关，根据被测样品熔点值，调节加热旋钮，前段温度快升，中段升温渐慢，后段升温平缓。到温度低于熔点 10～15℃时，换开微调旋钮，减慢升温速度，使每分钟上升 1～2℃。观察被测样品的熔化过程，记录初熔和全熔的温度范围。用镊子取下隔热玻璃和载玻片，即完成一次测试。

图 2　显微熔点仪

当要重复测定时，可将金属冷却圆板置于热浴中。热交换后的圆板，用冷水冷却。如此重复数次，使温度很快降下来。

5. 温度计的校正

用毛细管法测定熔点时，因为一般温度计中的毛细管孔径不一定很均匀、有时刻度也不很精确等原因，造成温度计上的熔点读数与真实熔点之间有一定的偏差，因此要精确测定物质的熔点，就必须对温度计进行校正。校正温度计时，可选用一支标准温度计与之在同一条件下比较其所示的温度值。也可采用纯粹有机化合物的熔点作为校正的标准。校正时只要选择数种已知熔点的纯粹化合物作为标准，测定它们的熔点，以观察到的熔点作纵坐标，测得熔点与应有熔点的差值作横坐标，画成校正曲线。在任一温度时的校正值可直接从校正曲线中读出。表 1 是校正温度计的标准样品及其熔点。

6. 熔点的测定

（1）测定尿素的熔点（m. p. 132.7℃）。

（2）测定 50%尿素和 50%苯甲酸混合样品的熔点。

（3）由教师提供未知物 1～2 个，测定熔点并鉴定之。

表 1　校正温度计的标准样品和熔点

物品	熔点/℃	物品	熔点/℃	物品	熔点/℃
水-冰	0	间二硝基苯	90.02	水杨酸	159
α-萘胺	50	二苯乙二酮	95～96	对苯二酚	173～174
二苯胺	54～55	乙酰苯胺	114.3	3,5-二硝基苯甲酸	205
对二氯苯	53.1	苯甲酸	122.4	蒽	216.2～216.4
苯甲酸苄酯	71	尿素	132.7	酚酞	262～263
萘	80.55	二苯基羟基乙酸	151	蒽醌	286(升华)

【附注】

　[1] 用橡皮圈固定毛细管时，要注意勿使橡皮圈触及浴液，以免溶液被污染和橡皮圈被浴液所溶胀。

　[2] 浴液：样品熔点在 220℃以下的可采用液体石蜡或浓硫酸作浴液。液体石蜡较为安全，但加热后容易变黄。浓硫酸价格便宜，易传热，但腐蚀性较强，当有机化合物与其接触时，浓硫酸会变黑，妨碍观察温度计读数，故填装样品时，沾在管外的样品必须擦去。如浓硫酸的颜色已变黑，可加少许硝酸钠或硝酸钾晶体，加热后便可褪色。

【思考题】

1. 有两种白色粉末物质，其中一种测其熔点为 130.0～131.1℃，另一种为 130.0～131.5℃，试用最简便的方法确定这两种物质是否为同一种物质。

2. 测定熔点时，若遇下列情况，将产生什么结果？

（1）熔点管壁太厚。

（2）熔点管底部未完全封闭，尚有一针孔。

（3）熔点管不洁净。

（4）样品没有完全干燥或含有杂质。

（5）样品研得不细或装得不紧密。

3. 是否可以使用第一次测熔点时已经熔化了的有机化合物再做第二次测定呢？为什么？

实验二　常压蒸馏和沸点的测定

【实验目的】

1. 了解沸点测定的意义。
2. 熟悉蒸馏法分离提纯有机化合物的原理。
3. 掌握常压蒸馏实验的操作技术。

【实验原理】

把液体加热变成蒸气，然后使蒸气经过冷凝变成较纯净液体的操作，叫做蒸馏。

液体受热后蒸气压将增大，当它的蒸气压和液面上所受的大气压相等时的温度叫做沸点。通过蒸馏的方法可以测定物质的沸点。蒸馏时从第一滴馏出液开始至蒸发完全时的温度，即该馏分的沸程，两温度的差值称为沸点距。在一定压力下，纯物质（以及共沸物❶）有一定的沸点，且沸点距很小（0.5～1℃）；而混合物（共沸物除外）则不同，沸点随组成的变化而变化，沸点距比较大。由于沸点是物质固有的物理常数，故可通过测定沸点来鉴定物质和判断其纯度。

当蒸馏沸点差别较大（一般相差30℃以上）的液体混合物时，低沸点物质先蒸出，高沸点物质随后蒸出，不挥发物质留在蒸馏器中。因此，蒸馏法常应用于液体有机物的纯化、分离及溶剂的回收等。

为了消除在蒸馏过程中的过热现象[1]和保证沸腾时的平稳状态，常加入素烧瓷片或沸石，或一端封口的毛细管，因为它们能够防止加热时的暴沸现象，故称为止暴剂。止暴剂应在加热前加入，若开始加热蒸馏后才发现未加沸石，应立即停止加热，使液体冷却至沸点以下后再加沸石，否则在温度较高时加入沸石会立即引起暴沸。

【仪器、药品】

250mL 电热套，100mL 蒸馏烧瓶，直形冷凝管，蒸馏头，50mL 接收瓶，尾接管，50mL 量筒，温度计（100℃），长颈漏斗，烧杯，铁架台；

沸石，95％乙醇，50％乙醇。

【实验步骤】

1. 仪器安装（仪器装置见图3）

常压蒸馏常用的实验装置是由蒸馏瓶、蒸馏头、温度计、冷凝器、接收管、接收器组成的。装置安装一般从热源处开始，按照"由下而上，由左到右"的顺序。首先安放铁架台、电热套，蒸馏烧瓶用铁夹垂直夹好，在瓶口插入蒸馏头，蒸馏头上口塞上温度计套管（含温度计），调整温度计位置，使温度计水银球的上缘与蒸馏头侧管的下缘在同一水平线上。在另一个铁架台上用铁夹夹住连有橡胶管的冷凝器的中上部分，调整冷凝器的位置（高低和角

---

❶　共沸现象是指两组分或多组分的液体混合物，在恒定压力下沸腾时，其组分与沸点均保持不变的现象。实际上，此时沸腾产生的蒸气与液体本身有着完全相同的组成。共沸物是不可能通过常规的蒸馏或分馏手段以分离的。很多多组分混合物可以产生共沸现象。例如，乙醇（95％）/水，沸点78.2℃；苯（18.5％）/乙醇（74％）/水组成一个三元共沸物，沸点64.9℃。

度）使其与蒸馏头侧管在同一直线上，然后旋松冷凝管上的铁夹，使冷凝管沿着此直线上移与蒸馏头侧管连接好，旋紧铁夹（各铁夹不应夹得太紧或太松，以夹住后稍用力尚能转动为宜）。在冷凝器下端连接尾接管，尾接管末端插入接收器。冷凝水由冷凝管下端流入，上端流出。安装完毕，从侧面看要保持接收器、冷凝管、蒸馏烧瓶的中心轴线在同一平面上，不能出现装置歪斜或扭曲的现象。

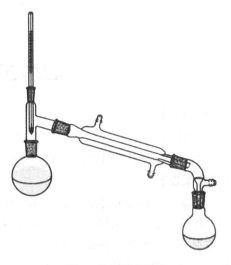

图 3　常压蒸馏装置

2. 沸点的测定

（1）用干燥量筒量取 95% 乙醇 50mL，经长颈漏斗倒入干燥的蒸馏瓶中，并注意防止乙醇流入蒸馏支管中，加入沸石 2～3 粒，缓慢通入冷却水，检查装置的正确性与气密性。开启电热套电源，将蒸馏瓶加热至沸腾，当第一滴蒸馏液落于接收器中时，观察并记录此时的温度，调整电热套电压继续加热，保持蒸馏速度为每秒 1～2 滴，直至蒸馏瓶中仅存少量液体时（不要蒸干），停止加热，并记录最后的温度；起始及最终的温度代表液体的沸程。撤下电热套，仪器冷却后停止通冷却水，将收集的乙醇倒入回收瓶。

（2）取 50% 乙醇 50mL 同步骤（1）进行蒸馏，并记录结果。蒸馏结束，拆除仪器，其顺序与安装时相反。

【附注】

[1] 加热液体至沸腾时，液体中几乎不存在空气，烧瓶内壁又非常洁净和光滑，很难形成气泡，液体的温度可能上升至超过沸点很多而不沸腾，这种现象称为过热现象。此时，一旦有一个气泡出现，会立即形成大量蒸气，甚至将液体冲出反应瓶而出现"暴沸"。为防止过热现象，常加入沸石、素烧瓷片或一端封口的毛细管，这些物质加热后能产生细小的气泡成为液体的气化中心，可避免暴沸现象的发生。

【思考题】

1. 什么是沸点？如果液体具有恒定的沸点，能否认为它是纯净的物质？
2. 温度计水银球上缘为何要与蒸馏头侧管口的下缘在同一水平线上？
3. 蒸馏为什么要加入沸石？若开始蒸馏加热后，发现未加入沸石，应该如何处理？

实验三　水蒸气蒸馏

【实验目的】

1. 学习水蒸气蒸馏的原理及其应用范围。
2. 掌握水蒸气蒸馏仪器的安装及其操作方法。

【实验原理】

水蒸气蒸馏是将水蒸气通入不溶于水的有机物中，使有机物与水经过共沸而蒸馏出来的实验操作。该方法是用来分离和提纯液态或固态有机化合物的常用方法，此法常用于下列几种情况：①某些沸点高的有机化合物，在常压蒸馏虽可与其他组分分离，但其易被高温破坏；②混合物中含有大量树脂状杂质或不挥发性杂质，采用蒸馏、萃取等方法都难于分离；③从较多固体反应物中分离出被吸附的液体产物；④某些有机物在达到沸点时容易被破坏，采用水蒸气蒸馏可在100℃左右得到分离提纯。

进行水蒸气蒸馏时，被提纯化合物必须具备下列条件：①不溶或难溶于水，这是满足水蒸气蒸馏的先决条件；②长时间与水共沸不与水发生化学反应；③在100℃左右时，该化合物必须具有一定的蒸气压［至少666.5～1333Pa（5～10mmHg）］。

当与水不相溶（难溶）的有机物与水一起共热时，整个系统的蒸气压，根据道尔顿（Dalton）分压定律，液面上的总蒸气压应为各组分蒸气压之和。

$$p = p_A + p_B$$

式中，p 为总蒸气压；p_A 为水的蒸气压；p_B 为与水不相溶物质或难溶物质的蒸气压。

当总蒸气压（p）与大气压力相等时，混合物开始沸腾，被蒸馏出来。显然，混合物的沸点必定较任何一个组分的沸点都低。因此，在常压下用水蒸气蒸馏，就能在低于100℃的情况下将高沸点组分与水一起蒸出来，达到用水蒸气蒸馏分离和提纯有机化合物的目的。由于水蒸气蒸馏可以在低于100℃下进行蒸馏操作，对于那些热稳定性较差和高温要分解的化合物的分离，是一种极其有效的方法。

常压下用水蒸气蒸馏，混合物蒸气中各气体分压（p_A，p_B）之比等于它们的物质的量之比，即：

$$\frac{n_A}{n_B} = \frac{p_A}{p_B}$$

式中，n_A 为蒸气中 A 的物质的量，n_B 为蒸气中 B 的物质的量，而 $n_A = m_A/M_A$，$n_B = m_B/M_B$。其中 m_A、m_B 为各物质在一定容积中蒸气的质量，M_A、M_B 为物质 A、B 的摩尔质量。因此：

$$\frac{m_A}{m_B} = \frac{M_A n_A}{M_B n_B} = \frac{M_A p_A}{M_B p_B}$$

可见，这两种物质在馏出液中的相对质量（即它们在蒸气中的相对质量）与它们的蒸气压和摩尔质量成正比。由上式还可看出，水具有较低的分子量和较大的蒸气压，它们的乘积 $M_A p_A$ 是小的，这样就可以来分离较高分子量和较低蒸气压的物质。

例如，常压下溴苯的沸点为 135℃，且和水不相溶，当它和水一起加热至 95.5℃时，水的蒸气压为 85918Pa，溴苯的蒸气压为 15162Pa，代入上式得：

$$\frac{m_A}{m_B} = \frac{M_A p_A}{M_B p_B} = \frac{85918 \times 18}{15162 \times 157} = \frac{6.5}{10}$$

即每蒸出 6.5g 水能带出 10g 溴苯，馏出液中溴苯占 61%。但实际得到的比例比理论值低，这主要是由于许多有机物在水中有一定的溶解度，导致蒸气压降低所引起的。

又例如，常压下苯胺（常压沸点 184℃）进行水蒸气蒸馏时，在 98.5℃时沸腾，此时苯胺和水的蒸气压分别为 5.73kPa 和 94.8kPa，从计算可得到馏出液中苯胺的含量应占 23%。

【仪器、药品】

水蒸气发生器（1000mL 圆底烧瓶），长颈圆底烧瓶（500mL），锥形瓶，直形冷凝管，T 形管，玻璃安全管，接收管，橡皮管（附螺旋夹），电热套；

苯甲醛（或苯胺）。

【实验步骤】

1. 仪器装置

实验室常用的水蒸气蒸馏装置（见图 4）包括水蒸气发生器、蒸馏、冷凝和接收四个部分。

水蒸气发生器一般用金属制成，如图 4 中 A 所示，也可用短颈圆底烧瓶代替。例如，1000mL 短颈圆底烧瓶作为水蒸气发生器。瓶口配一双孔软木塞，一孔插入长 1m 直径约 1cm 的玻璃管作为安全管，另一孔插入内径约 8mm 的水蒸气导出管。导出管与一个 T 形管相连，T 形管的另一端与蒸馏部分的导管相连，这段导管应尽可能短些，以减少水蒸气的冷凝。T 形管的支管套上一段橡皮管，橡皮管上用螺旋夹夹住，用来放掉水蒸气中冷凝下来的水，在蒸馏过程中发生不正常的情况时，可打开螺旋夹使水蒸气发生器与大气相通，以保证操作安全。

蒸馏部分（要分离的混合物）通常是采用长颈圆底烧瓶，为防止瓶中液体因跳溅而冲入冷凝管内，故将烧瓶位置向发生器方向倾斜 45°，瓶内液体也不宜超过总容积的 1/3。为了减少由于反复移换容器而引起产物损失，常直接利用原反应器作为蒸馏烧瓶进行水蒸气蒸馏（如图 4 所示）。

蒸馏部分的长颈圆底烧瓶上，配双孔软木塞。一孔插入内径约 1cm 的水蒸气导入管，它的末端弯成 135°，使它正对烧瓶底中央，距瓶底约 1cm，另一孔插入弯管，另一端与冷凝管相连。由于水蒸气的冷凝热较大，故冷凝水的流速可稍大些，冷凝管末端通过接收管与锥形瓶相连，以收集馏出液。

在蒸馏过程中，必须经常检查安全管中的水位是否正常[1]，有无倒吸现象，蒸馏部分混合物有无溅出的可能。一旦不正常情况发生，应立即旋开螺旋夹，移去热源，查找原因排除故障，待故障排除后，方可继续蒸馏。

2. 实验操作

（1）在水蒸气发生器中，盛入其容积的 1/2～3/4 的水，置于热源上。在长颈圆底烧瓶中，加入粗品 40mL 苯胺。检查整个系统密闭性，打开 T 形管上的螺旋夹，通入冷凝水。

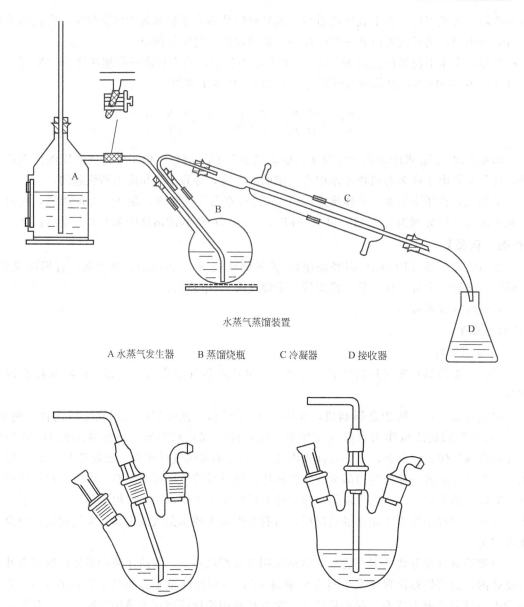

水蒸气蒸馏装置

A 水蒸气发生器　　B 蒸馏烧瓶　　　C 冷凝器　　　D 接收器

利用反应器作蒸馏烧瓶

图 4　水蒸气蒸馏装置

（2）加热水蒸气发生器，水沸腾后，旋紧 T 形管上的螺旋夹，使水蒸气均匀地进入长颈圆底烧瓶中，随着烧瓶中的混合物受热沸腾，不久在冷凝管中就出现苯胺和水的混合物，控制蒸馏速度每秒 2～3 滴。

（3）当馏出液无明显油珠、澄清透明时，表明苯胺已全部蒸出，便可停止蒸馏。停止时，必须先旋开 T 形管上的螺旋夹，然后移开热源，以免蒸馏烧瓶中发生倒吸现象。

（4）馏出液用饱和食盐水饱和后再移入分液漏斗中，静置分层，将有机层用少量无水氯化钙干燥，过滤除去氯化钙，即得清澈透明的苯胺。计算苯胺的回收率。

【附注】

[1] 蒸馏时，因异常原因造成系统堵塞会导致水蒸气发生器中压力升高，安全管水位会

异常上升。此时应立即放开 T 形管上的螺旋夹，移去热源，拆下装置进行检查（一般多数是水蒸气导入管下管被树脂状物质或者焦油状物质堵塞）和处理。

【思考题】

1. 什么情况下用水蒸气蒸馏？用水蒸气蒸馏的物质应具备什么条件？

2. 水蒸气蒸馏的原理是什么？水蒸气蒸馏有哪些实际应用？

3. 在水蒸气蒸馏过程中，经常要检查什么事项？若安全管中水位很高说明什么问题？如何处理才能解决呢？

实验四　减压蒸馏

【实验目的】

1. 学习减压蒸馏的原理及其应用。
2. 熟悉减压蒸馏的主要仪器设备及安全注意事项。
3. 掌握减压蒸馏仪器的安装和减压蒸馏的操作方法。

【实验原理】

液体的沸点是指它的蒸气压等于外界大气压时的温度。所以液体沸腾的温度是随外界压力的降低而降低的。如果用真空泵连接盛有液体的容器，使液体表面上的压力降低，即可降低液体的沸点。这种在较低压力下进行蒸馏的操作称为减压蒸馏（真空蒸馏）。

减压蒸馏对于分离或提纯高沸点或性质比较不稳定的液态有机化合物具有特别的意义。所以减压蒸馏亦是分离和提纯有机化合物常用的方法。

减压蒸馏时物质的沸点与压力有关，在给定压力下的沸点可以近似地从下列公式求出：

$$\lg p = A + B/T$$

式中，p 为蒸气压，T 为沸点（绝对温度），A、B 为常数。若以 $\lg p$ 为纵坐标，$1/T$ 为横坐标作图，可以近似地得到一直线；还可从两组已知的压力和温度算出 A 和 B 的数值，再将所选择的压力代入上式，计算出液体在该压力下的沸点。但由于液体分子间缔合程度等诸多因素的影响，许多物质沸点随压力的变化不完全遵循上述规律。

表 2 列出了一些有机化合物在不同压力下的沸点。从表中可以看出，当压力降低到 2.67kPa（20mmHg）时，大多数有机物的沸点比常压 101.325kPa（760mmHg）的沸点低 100～120℃；当减压蒸馏在 1.333～3.333kPa（10～25mmHg）之间进行时，压力每相差 0.1333kPa（1mmHg），沸点约相差 1℃。当要进行减压蒸馏时，预先粗略地估计出相应的沸点，这样对具体操作和选择合适的温度计与热浴都有一定的参考价值。

表 2　某些有机化合物在常压和不同压力下的沸点　　　　　　　单位：℃

压力/mmHg[①]	水	氯苯	苯甲酸	水杨酸乙酯	甘油	蒽
760	100	132	179	234	290	354
50	38	54	95	139	204	225
30	30	43	84	127	192	207
25	26	39	79	124	188	201
20	22	35.5	75	119	182	194
15	17.5	29	69	113	175	186
10	11	22	62	105	167	175
5	1	10	50	95	156	159

① 1mmHg＝0.1333kPa。

若在文献中查不到与减压蒸馏选择的压力相应的沸点，可按以下经验规律大致估算：

（1）当压力降至 3.33kPa 时，大多数高沸点（250～300℃）有机化合物的沸点比常压下的沸点下降 100～125℃。

（2）当气压在 3.33kPa 以下时，压力每降低一半，沸点约下降 10℃。

（3）可根据液体物质在常压沸点与减压沸点的近似关系图（图 5），找出该物质在减压后的对应沸点近似值。如二乙基丙二酸二乙酯常压下沸点为 218～220℃，欲求出减压至 2.666kPa（20mmHg）时的沸点。可先在图 5 中间的直线上找出相当于 218～220℃ 的点，将此点与右边直线上 2.666kPa（20mmHg）处的点连成一直线，延长此直线与左边的直线相交，交点所示的温度就是 2.666kPa（20mmHg）时二乙基丙二酸二乙酯的沸点，约为 105～110℃。

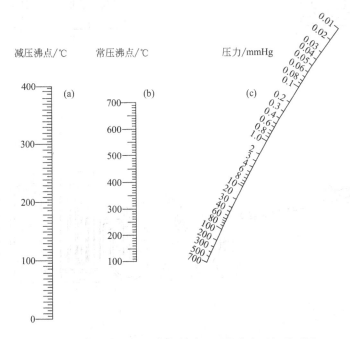

图 5　液体在常压下的沸点与减压下的沸点近似关系图

【操作要领】

1. 减压蒸馏的装置

图 6（a）、（b）是常用的减压蒸馏系统。整个系统由蒸馏、保护及测压、抽气（减压）装置三部分组成。

（1）蒸馏部分　图 6 中，A 是减压蒸馏瓶［又称克氏（Clasen）蒸馏瓶］，由克氏蒸馏头和圆底烧瓶组成，它有两个颈，可避免液体沸腾时冲入冷凝管中，瓶的一颈中插入温度计，另一颈中插入一根很细的毛细管 C。毛细管[1]下端距离瓶底 1～2mm，毛细管上端连有一段带螺旋夹 D 的橡皮管，管中放一根细铁丝，螺旋夹用以调节进入空气的量，使极少量的空气进入液体，呈微小气泡冒出，作为液体沸腾的气化中心，使蒸馏平稳进行。用圆底烧瓶作为接收器，但切不可用平底烧瓶或锥形瓶。蒸馏时若要收集不同的馏分而又不中断蒸馏，可用两尾或多尾接液管［图 6（b）B］，多尾接液管的几个分支管用橡皮塞与作为接收器的圆底烧瓶（或厚壁试管）连接起来。转动多尾接液管，就可使不同的馏分进入指定的接收器中。

（2）抽气（减压）部分　实验室常用的减压泵有水泵、循环水真空泵和真空油泵。

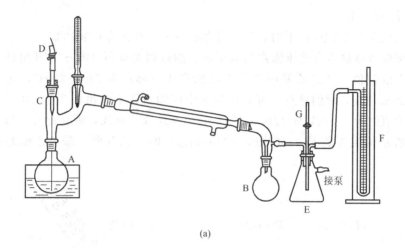

(a)

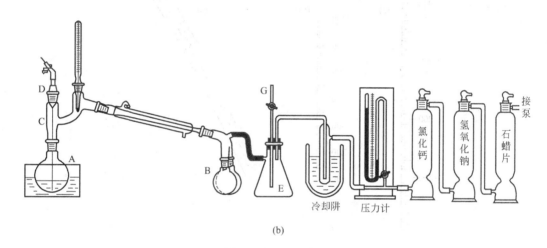

(b)

图 6　减压蒸馏装置

水泵：由玻璃或金属制成（图 7），其效能与构造、水压及水温有关。玻璃质水泵要用厚壁橡皮管连接在尖嘴水龙头上，金属质水泵可通过螺纹连接在水龙头上。在水压比较高时，水泵能达到的最高真空度，即为室温时水的蒸气压。有时实验室供水的压力不足，使用水泵效果不佳，可改用循环水真空泵，其真空度可达 100Pa 左右。

油泵：它的减压效能比水泵高得多，效能大小取决于油泵的机械结构以及真空泵油的好坏（油的蒸气压必须很低）。好的油泵能抽至真空度为 13.33Pa，油泵结构较精密，工作条件要求较严。蒸馏时，如果有挥发性的有机溶剂、水或酸的蒸气，都会损坏油泵[2]。因为挥发性的有机溶剂蒸气被油吸收后，就会增加油的蒸气压，影响真空效能；酸性蒸气会腐蚀油泵的机件。水蒸气凝结后与油形成浓稠的乳浊液，破坏了油泵的正常工作，因此使用时必须十分注意油泵的保护。一般使用油泵时，系统的压力常控制在 $0.666 \sim 1.333 kPa$（$5 \sim 10 mmHg$）之间，因为在沸腾液体表面上要获得 0.67kPa 以下的压力比较困难。

（3）保护及测压装置部分　若用水泵或循环水真空泵抽真空，不必设置保护体系。当用油泵进行减压时，必须在馏液接收器与油泵之间顺次安装冷却阱和几种吸收塔，以免污染油泵用油、腐蚀机件致使真空度降低。

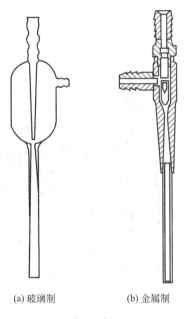

(a) 玻璃制　　　　(b) 金属制

图 7　水泵

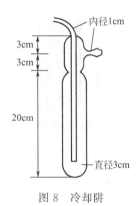

图 8　冷却阱

① 安全瓶：在冷却阱前安装一安全瓶如图 6（b）E，瓶上配有二通活塞 G 具有调节系统内的压力及接通大气的作用。

② 冷却阱（如图 8 所示）：减压蒸馏时，将它置于盛有冷却剂的广口保温瓶中，其作用是使低沸点的有机溶剂和水蒸气冷凝下来，防止进入油泵。

③ 水银压力计（如图 9 所示）：实验室通常用水银压力计来测量减压系统的压力。一般采用开口式 U 形压力计或一端封闭的 U 形压力计。图 9(a) 为开口式水银压力计，两臂汞柱高度之差，即为大气压力与系统中压力之差。因此蒸馏系统内的实际压力（真空度）应是大气压力减去这一压力差。开口式压力计较笨重，但测试的数值比较准确。封闭式水银压力计 ［图 9(b)］，两臂液面高度之差即为蒸馏系统中的真空度。测定压力时，可将管后木座上的滑动标尺的零点调整到右臂的汞柱顶端线上，这时左臂的汞柱顶端线所指示的刻度即为系统的真空度。封闭式压力计比较轻巧，读数方便，但常常因为有残留空气以致不够准确，需用开口式来校正。使用时应避免水或其他污物进入压力计，否则将严重影响其准确度。

④ 吸收塔（又称干燥塔，见图 10）：通常设有两个，前一个装无水氯化钙（或硅胶），后一个装粒状氢氧化钠。有时为了吸除烃类气体，可再加一个装石蜡片的吸收塔。

在普通有机实验室里，可设计一小推车（如图 11 所示）来安放油泵及保护测压设备。车中有两层，底层放置泵和电机，上层放置其他设备。这样既能缩小安装面积又便于移动。

2. 减压蒸馏操作

（1）装置的安装　首先备好各种器具，然后按照图 6 安装好仪器。要求从热源开始逐件安装，各磨口接头处均应涂一层真空油脂并旋转至透明，蒸馏部分的各仪器中轴线应在同一平面内。在实验中减压装置不再轻易拆装，除非减压系统突然出现故障，急需排除。

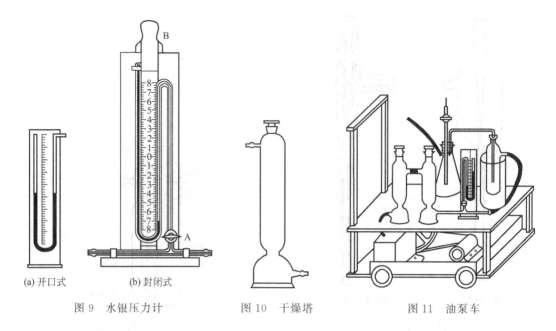

(a) 开口式   (b) 封闭式

图 9　水银压力计　　　　图 10　干燥塔　　　　图 11　油泵车

（2）装置气密性的检查　检查时，旋紧毛细管上的螺旋夹 D，打开安全瓶上的二通活塞 G，然后开泵抽气（如用水泵，这时应开至最大流量）。逐渐关闭 G，从压力计 F 上观察系统所能达到的真空度。如果是因为漏气（而不是因水泵、油泵本身效率的限制）而不能达到所需的真空度，可检查各部分塞子和橡皮管的连接是否紧密等。一旦发现漏气部位，应渐渐打开二通旋塞 G，使系统与大气相通，关泵后再进行处理。如果超过所需的真空度，可小心地旋转活塞 G，慢慢地引进少量空气，以调节至所需的真空度。

（3）加热蒸馏收集馏分　在烧瓶中放入占其容积 1/3～1/2 的蒸馏物质，加热蒸馏前，尚需调节安全瓶上的二通旋塞 G，使仪器达到所需的压力。蒸馏瓶内液体中有连续平稳的小气泡逸出。开启冷凝水，选用合适的热浴加热升温，当液体沸腾后，调节浴温比烧瓶内的液体的沸点高约 20℃并保持馏出液流出的速度为每秒 1～2 滴。根据系统内压力和相应压力下液体的沸点收集前馏分、馏分（可转动多尾接液管在另一接收瓶中收集馏分），并记下压力和沸点。蒸馏过程中应密切关注压力与温度的变化。

（4）停止蒸馏　蒸馏完毕或蒸馏过程中需要中断时（如调换毛细管、接收瓶），应先移去热源，待稍冷后缓缓松开毛细管上的螺旋夹，再慢慢地打开安全瓶上的旋塞 G 使仪器装置与大气相通，U 形压力计水银柱逐渐上升至顶端，当装置内外压力平衡后，方可关闭油泵及压力计的活塞，再拆卸仪器。

【仪器、药品】

圆底烧瓶（500mL），克氏蒸馏头，冷凝管，电热套，温度计，多尾接收管，螺旋夹，细铁丝毛细管，水泵或油泵，压力计，减压过滤装置；

真空油脂，乙酰乙酸乙酯，苯甲醛（或呋喃甲醛、苯胺）。

【实验步骤】

1. 乙酰乙酸乙酯的减压蒸馏

由于乙酰乙酸乙酯在常压蒸馏时容易分解产生乙酸酐，故必须通过减压蒸馏进行提纯。在 50mL 蒸馏瓶中，加入 20mL 乙酰乙酸乙酯，按图 6 装好仪器，通过减压蒸馏进行纯化。

2. 苯甲醛、呋喃甲醛或苯胺的减压蒸馏

用蒸馏乙酰乙酸乙酯同样的方法，通过减压蒸馏提纯苯甲醛、呋喃甲醛或苯胺。减压蒸馏苯甲醛时，要避免被空气中的氧气氧化。

在蒸馏之前，应预先从手册上查出它们在不同压力下的沸点，供减压蒸馏时参考。

【附注】

[1] 检查毛细管是否合适，可用小试管盛少许丙酮或乙醚，将毛细管插入其中，吹入空气，若毛细管口连续冒出微小的气泡即为合适。

[2] 当被蒸馏物中含有低沸点的物质时，必须先用水泵减压蒸去低沸点物质，才可再用油泵减压蒸馏。

【思考题】

1. 具有什么性质的化合物需用减压蒸馏方法进行提纯？
2. 使用水泵减压蒸馏有什么缺陷？
3. 进行减压蒸馏操作中，为什么必须先抽真空后加热？
4. 使用油泵减压时，要有哪些吸收和保护装置？其作用是什么？
5. 当减压蒸完所要的化合物后，应如何停止减压蒸馏？为什么？

实验五　萃取和洗涤

　　萃取是一种分离混合物的经典方法，它是利用物质在两种互不相溶的溶剂中溶解度的不同而实现分离的。该方法的产生可以追溯到 18 世纪后期，当时一位药剂师名叫舍勒，他用石灰水提取安息香树胶中的安息香酸获得成功，后来用类似的方法提取了草酸、苹果酸、酒石酸、柠檬酸、乳酸、没食子酸、马尿酸等纯净物。此后人们对萃取方法进行了深入的理论研究和应用研究，使萃取方法的应用越来越广，不但在有机化学、分析化学、植物化学、生物化学和医学领域广泛使用，在稀土化学、配位化学、化学动力学等研究领域里也是不可缺少的重要手段。同时萃取技术和方法也在不断地发展。例如，索氏提取器的发明，使中草药中有效成分的提取效率得到很大提高；而与现代技术相结合的超声萃取、微波辐射诱导萃取、超临界流体萃取等新技术的应用，标志着萃取技术已经发展到一个新的水平，它们的应用不但使萃取效率大大提高，而且使萃取的应用范围得以扩大。通过下面的萃取实验，学员可以了解萃取的基本原理，掌握萃取的基本操作，为以后应用这一技术打好基础。

【实验目的】

　　1. 了解萃取和洗涤的基本原理。

　　2. 明确分次萃取比一次萃取的效率高。

　　3. 掌握分液漏斗的使用方法。

【实验原理】

　　萃取和洗涤是提取、分离和纯化有机化合物的一种常用方法。它是利用物质在两种互不相溶的溶剂中的溶解度不同来进行分离的。萃取和洗涤的原理相同，但目的不一样，据此原理从混合物中提取所需要的物质的操作叫做萃取，而洗掉不需要的物质的操作叫做洗涤。

　　萃取分为固-液萃取和液-液萃取，前者适用于固体混合物的分离，而后者适用于溶液中混合物的分离。本实验着重介绍液-液萃取。

　　液-液萃取的理论基础是分配定律，即溶质在两种互不相容的溶剂中的分配系数 K 等于该溶质在两种溶剂中的溶解度之比。

$$K = \frac{溶质在溶剂\,A\,中的溶解度(g/100mL\ 溶剂\,A)}{溶质在溶剂\,B\,中的溶解度(g/100mL\ 溶剂\,B)} = \frac{c_A(g/mL)}{c_B(g/mL)}$$

　　K 值越大，说明溶质在溶剂 A 中的溶解度大，在溶剂 B 中的溶解度小，那么用溶剂 A 进行从溶剂 B 的溶液中萃取溶质的效率越高。另外，一定量的溶剂做一次萃取不如做分次萃取的萃取效率高。例如，在一萃取过程中，假设 $K = 4$，溶质的最初质量为 6.0g，将其溶解在 100mL 水中，用 50mL 四氯化碳萃取，则：

$$K = \frac{m_{四氯化碳}/50}{(6.0 - m_{四氯化碳})/100} = 4$$

$$萃取量\ m_{四氯化碳} = 4.0g$$

　　如果把 50mL 四氯化碳分两次萃取（每次 25mL），则第一次萃取的情况是：

$$K=\frac{m'_{四氯化碳}/25}{(6.0-m'_{四氯化碳})/100}=4$$

萃取量 $m'_{四氯化碳}=3.0g$

水中还剩余 $6.0-3.0=3.0g$，第二次再用 25mL 四氯化碳萃取，则：

$$K=\frac{m''_{四氯化碳}/25}{(3.0-m''_{四氯化碳})/100}=4$$

萃取量 $m''_{四氯化碳}=1.5g$

两次萃取的总量为 $m'_{四氯化碳}+m''_{四氯化碳}=3.0+1.5=4.5g$。

上述各式中，m、m'、m'' 指溶质溶解在萃取剂中的质量。

50mL 四氯化碳一次萃取量为 4.0g，如果 50mL 四氯化碳分两次萃取（每次 25mL），萃取量为 4.5g，萃取效率提高 12.5%；如果 50mL 四氯化碳分四次萃取，萃取效率将提高 20.25%。

本实验是用四氯化碳萃取水中的 I_2。用标准 $Na_2S_2O_3$ 溶液滴定每次萃取后水中剩余 I_2 的量，以此判断萃取效果，反应式为：

$$I_2+2S_2O_3^{2-}\Longrightarrow S_4O_6^{2-}+2I^-$$

最后将萃取 I_2 的四氯化碳溶液收集在一起，用 $Na_2S_2O_3$ 将其中的 I_2 还原成 I^-，再将 I^- 反萃取到水溶液中，使四氯化碳得到纯化，实现四氯化碳的回收再利用，以减少污染，保护环境。

【仪器、药品】

分液漏斗，铁架台，50mL 烧杯，碱式滴定管，15mL 移液管，量筒，漏斗，250mL 锥形瓶；

0.4% I_2 溶液，CCl_4，0.02mol/L $Na_2S_2O_3$，淀粉指示剂。

【实验步骤】

1. 分液漏斗的使用

（1）选用的分液漏斗，要求其容积是分离液体体积二倍以上。使用前要在活塞处涂上凡士林防止漏液，具体方法是：用小棒取少许凡士林涂在活塞的粗端，用手指涂匀，再在漏斗活塞孔的细端均匀地涂上凡士林（切忌涂得太多，否则会堵塞活塞孔），把活塞安上，旋转活塞使涂凡士林处均匀透明，然后套上橡皮筋，防止活塞松动脱落，最后用水检查活塞和上端的塞子处是否漏水。

（2）向分液漏斗中注入液体时，先将其架在铁圈内或漏斗架上，活塞关闭，将溶液和萃取剂经一普通漏斗从分液漏斗的上口注入，盖塞（这时不要将分液漏斗上口上的小孔与塞子上的小槽对准，以免漏斗内的液体流出）。按图 12 所示，双手握住分液漏斗振荡，充分混合，然后将漏斗的上端放低，使漏斗内的液体离开活塞部分，慢慢打开活塞放气，关闭活塞。重复振摇—放气—关闭活塞的过程直到没有气体放出为止，此时萃取已达平衡。将漏斗竖直于铁圈内或漏斗架上，将漏斗塞子上的槽对准漏斗上口上的小孔（若漏斗没有孔和槽，可将塞子拿掉），静置，待完全分层后，打开活塞使下层液体流出。留在漏斗内的液体要从分液漏斗的上口倾出。

2. 萃取效果的比较

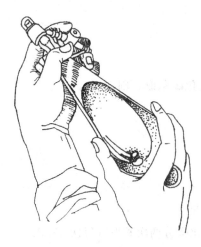

图 12　分液漏斗的振摇姿势

（1）一次萃取

用移液管向分液漏斗内准确加入 0.4％ I_2 溶液 15.00mL，再用量筒加入 15mL 四氯化碳，盖上塞子，重复振摇-放气-关闭活塞过程直至萃取达到平衡，静置分层后，将下层四氯化碳放入一容器内，上层溶液从上口倒入 250mL 的锥形瓶中，用 0.02mol/L $Na_2S_2O_3$ 标准溶液滴定至溶液呈黄色，加入 1mL 淀粉溶液作指示剂，溶液立即呈蓝色，继续用 $Na_2S_2O_3$ 标准溶液滴定至蓝色恰好褪去，即为滴定终点，记录所用 $Na_2S_2O_3$ 标准溶液的体积，计算出溶液中 I_2 的剩余量。

（2）分次萃取

用移液管向分液漏斗内准确加入 0.4％ I_2 溶液 15.00mL，将 15mL 四氯化碳分三次（每次 5mL）萃取，萃取操作同（1）。三次萃取完成后，按上述方法用 0.02mol/L $Na_2S_2O_3$ 标准溶液滴定上层水溶液中的 I_2，记录所用 $Na_2S_2O_3$ 标准溶液的体积，计算出溶液中 I_2 的剩余量。比较一次萃取和分次萃取的效果。

3. 回收四氯化碳

将萃取 I_2 后紫色的四氯化碳溶液倒入分液漏斗内，加入 30mL 0.02mol/L $Na_2S_2O_3$ 溶液，萃取操作同（1）；如果紫色不褪，再加入 2mL 0.02mol/L $Na_2S_2O_3$ 溶液进行萃取，如紫色仍不褪，再重复上一步骤，直到紫色褪去，静置分层，把下层四氯化碳放出，收集于指定的容器中。

【思考题】

1. 萃取和洗涤有何异同点？萃取和洗涤常用什么仪器？使用时应注意哪些事项？

2. 萃取达到平衡的标志是什么？

3. 若用有机溶剂萃取某水溶液，当不能确定哪一层是有机溶剂层时，怎样迅速作出判断？

实验六　重结晶及过滤

【实验目的】
1. 学习重结晶法提纯固态有机化合物的原理和方法。
2. 掌握抽滤、热滤操作方法。

【实验原理】
将晶体置于溶剂中加热溶解，等温度下降后又重新析出晶体的过程称为重结晶。因为从有机反应中分离出的固体粗产物往往含有未反应的原料、副产物及杂质，必须加以分离纯化。这种情况下通常是用合适的溶剂进行重结晶，这是固体有机化合物最普遍、最常用的提纯方法。

固体有机化合物在溶剂中的溶解度随温度变化而改变。通常升高温度溶解度增大，反之溶解度降低。若使固体溶解在热的溶剂中并达到饱和，冷却时溶解度下降，溶液变为过饱和而析出结晶。利用溶剂对被提纯化合物及杂质的溶解度不同，可使被提纯物质从过饱和溶液中析出，而溶解度很小的杂质在热滤时被除去或冷却后溶解度很大的杂质被留在母液中，从而达到分离提纯固体有机化合物的目的。重结晶一般只适用于纯化杂质含量在5％以下的固体有机物。杂质含量越多，常会影响晶体生成的速度，有时甚至会妨碍晶体的形成，有时变成油状物难以析出晶体，或者重结晶后仍有杂质。这时常先用其他方法初步纯化，如萃取、水蒸气蒸馏、减压蒸馏等，然后再用重结晶方法提纯。

重结晶提纯法一般为以下过程。
（1）选择适宜的溶剂。
（2）将粗产品溶于热的溶剂中制成饱和溶液。
（3）趁热过滤除去不溶性杂质。如溶液的颜色深，可加适量活性炭煮沸脱色，再行过滤。
（4）冷却溶液，或蒸发溶剂，使之慢慢析出晶体而杂质则保留在母液中。
（5）减压过滤分离母液，分出结晶。
（6）洗涤结晶，除去附着的母液。
（7）干燥结晶。

在进行重结晶时，选择一适宜的溶剂是非常重要的，否则达不到纯化的目的。作为适宜的溶剂，要符合下列条件。
（1）与提纯的有机物不发生化学反应。
（2）在较高温度时能溶解较多量的被提纯物质，而在室温或更低温度时，只能溶解很少量的该种物质。
（3）对杂质的溶解度非常大或非常小（前一种情况是使杂质留在母液中不随提纯物晶体一同析出，后一种情况是使杂质在热过滤时被滤去）。
（4）容易挥发（溶剂的沸点较低），易与结晶分离除去。
（5）能析出较好的结晶。
（6）廉价易得，无毒或毒性很小，回收率高，便于操作。

表 3 列出几种常用的重结晶溶剂。在几种溶剂同样都合适时，则应根据结晶的回收率、操作的难易、溶剂的毒性、易燃性和价格等来选择。

表 3 常用的重结晶溶剂

溶剂	沸点/℃	冰点/℃	相对密度	与水的混溶性	易燃性
水	100	0	1.0	+	0
甲醇	64.96	<0	0.7914	+	+
95%乙醇	78.1	<0	0.804	+	+ +
冰醋酸	117.9	16.7	1.05	+	+
丙酮	56.2	<0	0.79	+	+ + +
乙醚	34.51	<0	0.71	-	+ + + +
石油醚	30~60	<0	0.64	-	+ + + +
乙酸乙酯	77.06	<0	0.90	-	+ +
苯	80.1	5	0.88	-	+ + + +
氯仿	61.7	<0	1.48	-	0
四氯化碳	76.54	<0	1.59	-	0

如果难以选择一种合适的溶剂，则可采用混合溶剂。混合溶剂一般由两种能互溶的溶剂组成，其中一种对被提纯物质的溶解度很大（称为良溶剂），而另一种对被提纯物质的溶解度很小（称为不良溶剂）。一般常用的混合溶剂有：甲醇-水、乙醇-水、乙醚-甲醇、乙酸-水、乙醚-丙酮、乙醚-石油醚、吡啶-水、苯-石油醚等。

【基本操作】

1. 溶剂的选择

在具体重结晶操作过程中，可以通过查阅化学手册及有关文献资料选择合适的溶剂，选择溶剂时，应根据"相似相溶"的一般原理。因为溶质往往易溶于结构与其近似的溶剂中。极性物质较易溶于极性溶剂中，而难溶于非极性溶剂中。溶剂的最后选择，只能用实验方法来决定。

单溶剂的选择方法：取多个小试管，各放入 0.1g 待重结晶的物质，分别加入 0.5～1.0mL 不同种类的溶剂，加热沸腾，至完全溶解，冷却后能析出最多晶体的溶剂，一般可认为是最适宜的溶剂。有时在 1mL 溶剂中尚不能完全溶解，可用滴管逐步添加溶剂，每次 0.5mL，并加热至沸腾，如果在 3mL 热溶剂中仍不能完全溶解，可认为此溶剂不适合。如果固体在热溶剂中能溶解，而冷却后无晶体析出，可用玻璃棒在试管中液面下刮擦内壁或辅以冰盐浴冷却，若冷却后仍无晶体产生，则此溶剂也不适用。实际实验情况往往复杂得多，因此选择一个合适的溶剂需要进行多次反复的实验。

混合溶剂的选择方法如下。

（1）固定配比法 将良溶剂与不良溶剂按各种不同的比例相混合，分别按照选择单一溶剂的方法实验，直至选到一种最佳的配比。

（2）随机配比法 先将样品溶于沸腾的良溶剂中，趁热过滤除去不溶性杂质，然后逐滴滴入热的不良溶剂并振摇，至溶液变浑浊，再加入少许良溶剂或稍加热，溶液又变澄清，放置，冷却，使结晶析出。在此过程中，应保持溶液微沸，如冷却后析出油状物，则需要调整比例再进行实验或另换别的混合溶剂。

2. 溶解固体样品

通常将粗产品置于锥形瓶（或圆底烧瓶）中，加入比计算量略少的溶剂，加热到沸腾，若有固体未溶解，则在保持沸腾下逐渐添加溶剂至固体恰好溶解，最后再多加 15%～20% 的溶剂将溶液稀释，以免在趁热过滤时，由于溶剂的挥发和温度的下降导致溶解度降低而析出结晶，但是如果溶剂过量太多，则难以析出结晶，需将溶剂蒸出。

为了避免溶剂挥发及可燃溶剂着火或有毒溶剂中毒，应在锥形瓶上装置回流冷凝管，添加溶剂可由冷凝管的上端加入。根据溶剂的沸点和易燃性，选择适当的热浴加热。当溶质全部溶解后，若溶液中含有色杂质，则要加活性炭脱色。这时应移去火源，使溶液稍冷，然后加入被提纯物用量的 1%～5% 的活性炭，继续煮沸 5～10min，使其脱色。

3. 热过滤

制备好的热溶液，必须趁热过滤，以除去不溶性杂质或活性炭，并防止由于温度降低而在滤纸上析出结晶。为了保持滤液温度，使过滤操作尽快完成，一是选用短颈粗径的玻璃漏斗并采用简单保温方法或采用热水漏斗保温 [图 13(a)，(b)]；二是使用折叠式滤纸（菊花状滤纸）（图 14）。

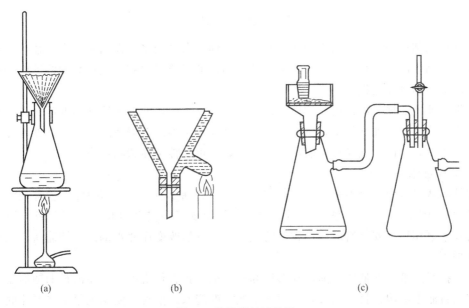

　　(a)　　　　　　　　(b)　　　　　　　　(c)

图 13　热滤及抽滤装置

折叠滤纸的方法：将选定的圆滤纸（方滤纸可在折好后再剪）按图 14(a) 先对折，再沿 2、4 折成 1/4。然后将 1、2 的边沿折至 4、2；2、3 的边沿折至 2、4，分别在 2、5 和 2、6 处产生新的折纹 [图 14(a)]。继续将 1、2 折向 6、2；2、3 折向 2、5，分别得到 2、7 和 2、8 的折纹 [图 14(b)]。同样以 2、3 对 2、6；1、2 对 5、2 分别折出 2、9 和 2、10 的折纹 [图 14(c)]。最后在 8 个等分的每一个小格中间以相反方向 [图 14(d)] 折成 16 等份。结果得到折扇一样的排列。再在 1、2 和 2、3 处各向内折一小折面，展开后即得到折叠滤纸 [或称扇形滤纸，图 14(e)]。每次折叠时需注意在折纹的集中点切勿重压，以免过滤时破裂。使用时要将折好的滤纸翻转，整理后放入漏斗中待用。

4. 结晶

将热滤的溶液自然冷却，溶质从溶液中析出，使溶解度大的杂质留在母液中，当溶液温度降至室温且析出大量结晶后，可进一步用冷水冷却（若溶液冷却后仍不结晶，可投入"晶种"或用玻璃棒摩擦容器内壁引发结晶）。结晶的大小与产品的纯度有关，若迅速冷却并搅

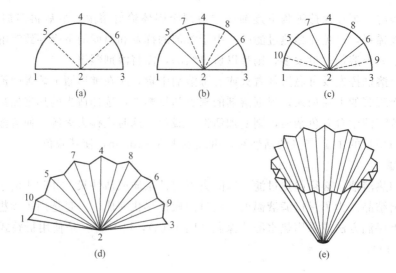

图 14　折叠滤纸的方法

拌，往往得到细小晶体，表面积较大，吸附在表面的杂质较多。而结晶过大，往往有母液和杂质包在结晶内部。要得到纯净而晶形好的产品，就需要根据被纯化样品的溶解度和杂质等情况采用适当的冷却过程。

如果被纯化的样品不析出晶体而析出油状物，是因为热的饱和溶液的温度比被提纯的样品的熔点高或接近。油状物中含杂质较多，可重新加热溶液至澄清后，让其自然冷却至刚有油状物产生时，立即剧烈搅拌，使油状物分散，也可搅拌至油状物消失。

5. 减压过滤与洗涤

把结晶从母液中分离出来，通常使用布氏漏斗和抽滤瓶进行减压过滤（简称抽滤，也称抽气过滤）[图 13 (c)]，抽滤瓶的侧管用耐压的橡皮管与安全瓶相连，安全瓶再用耐压的橡皮管和水泵相连，安全瓶的作用在于防止因水压突然改变而使水倒流入抽滤瓶。减压过滤的操作如下。

(1) 抽紧滤纸　在抽滤之前，在布氏漏斗中铺一张直径略小于漏斗内径的圆形滤纸，用同一溶剂将滤纸润湿，打开水泵，关闭安全瓶上的旋塞，抽气，使滤纸紧贴在漏斗底部。

(2) 抽干母液　将要过滤的混合物倒入布氏漏斗中，使晶体均匀分布，将漏斗内滤纸表面完全覆盖，并用玻璃钉挤压晶体，抽干母液。

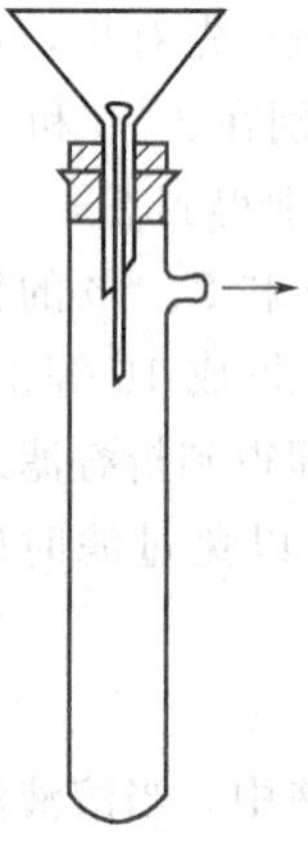

(3) 洗涤晶体　为了除去结晶表面的母液，应洗涤结晶。慢慢打开安全瓶上的旋塞，用少量溶剂（3～5mL）均匀润洗结晶后，关闭旋塞，抽去溶剂，重复操作 2～3 次，可把结晶表面吸附的杂质洗净。

(4) 结束抽滤　先将安全瓶上的旋塞打开与大气相通，然后关闭水泵，再将布氏漏斗从抽滤瓶上取出。

过滤少量晶体时，可用玻璃钉漏斗，以抽滤管代替抽滤瓶（图 15）。玻璃钉漏斗上的圆滤纸应较玻璃钉的直径略大，滤纸以溶剂润湿后进行抽气并用刮刀或玻棒挤压，使滤纸的边沿紧贴在漏斗上。

图 15　玻璃钉漏斗过滤

抽滤后所得的母液，如还有用处，可移置于其他容器中。较大量的有机溶剂，一般应用蒸馏法回收。如母液中溶解的物质不容忽视，可将母液适当浓缩。回收得到一部分纯度较低的晶体，测定它的熔点，以决定是否可供直接使用，或需进一步提纯。

　　6. 干燥结晶和纯度检查

　　重结晶纯化后的结晶，其表面仍会吸附少量溶剂，因此必须用适当的方法进行干燥。干燥的方法很多，可以根据重结晶所用的溶剂及结晶的性质来选择。当使用的溶剂沸点比较低时，可在室温下使溶剂自然挥发达到干燥的目的。当使用的溶剂沸点比较高（如水）而产品又不易分解和升华时，可用红外灯烘干。当产品易吸水或吸水后易发生分解时，应用真空干燥器进行干燥。

　　晶体不充分干燥，熔点要下降，晶体经充分干燥后通过熔点测定来检验其纯度，如发现纯度不符合要求，可重复上述操作直至熔点不再改变为止。

【仪器、药品】

　　烧杯（250mL），圆底烧瓶或锥形瓶（100mL），热水漏斗，布氏漏斗，电热套，抽滤瓶，水泵，滤纸，表面皿，托盘天平；

　　粗乙酰苯胺，70％乙醇，萘，活性炭。

【实验步骤】

　　1. 乙酰苯胺重结晶

　　取 2g 乙酰苯胺粗品，放于 250mL 烧杯中，加入 60mL 水，盖上表面皿，加热煮沸，并用玻棒不断搅动，使固体溶解，这时若有尚未完全溶解的固体或出现油珠[1]，可继续加入少量热水[2]至完全溶解后，再多加 2～3mL 水[3]（总量约 80mL）。移去电热套，稍冷后加入适量活性炭[4]，稍加搅拌后继续加热微沸 5～10min。

　　在加热溶解乙酰苯胺的同时，准备好热水漏斗与折叠滤纸，将上述脱色后的溶液趁热过滤，用另一烧杯收集滤液。为了保持溶液的温度，热水漏斗和溶液均用小火加热。

　　过滤完毕，将盛有滤液的烧杯盖上表面皿，放置自然冷却后再放入冷水中冷却，使晶体析出完全。抽滤，抽干后，用 5mL 蒸馏水分 2 次洗涤漏斗中的晶体，然后抽干并用玻璃钉挤压晶体直至无水滴下。取出晶体置于表面皿上，摊开置于空气中晾干或放在红外灯下干燥后称重，计算回收率。乙酰苯胺的熔点：114℃。

　　2. 萘的重结晶

　　在装有回流冷凝管的 100mL 圆底烧瓶或锥形瓶中，放入 3g 粗萘，加入 20mL 70％乙醇和 1～2 粒沸石。接通冷凝水后，电热套加热至沸[5]，并不时振摇瓶中物，以加速溶解。待完全溶解后，再多加一些 70％乙醇，然后关闭热源。稍冷后加入少许活性炭，并稍加摇动，再重新在电热套上加热煮沸 5min。

　　趁热用预热好的热水漏斗和折叠滤纸过滤，用少量热的 70％乙醇润湿后，将上述萘的热溶液滤入干燥的 50mL 锥形瓶中（注意这时附近不应有明火），滤完后用少量热的 70％乙醇洗涤容器和滤纸。

　　将盛有滤液的锥形瓶用软木塞塞好，先自然冷却，再用冷水冷却。然后用布氏漏斗抽滤，用少量 70％乙醇洗涤，抽干后将晶体转移至表面皿上。放在空气中晾干或放在红外灯下干燥后称重，计算回收率。萘的熔点：80.5℃。

【附注】

　　[1] 用水重结晶乙酰苯胺时，往往会出现油珠。这是因为当温度高于 83℃ 时，未溶于水但已熔化的乙酰苯胺会形成另一液相所致，这时只要加入少量水或继续加热，此种现象即可消失。

［2］ 乙酰苯胺在水中的溶解度如下所示。

$T/℃$	20	25	50	80	100
溶解度/(g/100mL)	0.64	0.56	0.84	3.45	5.5

［3］ 每次加入 3～5mL 热水，若加热后并未能使未溶物减少，则可能是不溶性杂质，此时可不必再加溶剂。但为了防止过滤时有晶体在漏斗中析出，溶剂用量可比沸腾时饱和溶液所需的用量适当多一些。

［4］ 活性炭绝对不可加到正在沸腾的溶液中，否则将造成暴沸现象！加入活性炭的量约相当于样品量的 1％～5％。

［5］ 萘的熔点较 70％乙醇的沸点为低，因而加入不足量的 70％乙醇加热至沸后，萘呈熔融状态而非溶解，这时应继续加溶剂直至完全溶解。

【思考题】

1. 重结晶法一般包含哪几个步骤？各步骤的主要目的是什么？

2. 某一有机化合物进行重结晶时，最适合的溶剂应该具有哪些性质？

3. 加热溶解重结晶粗产物时，为何先加入比计算量（根据溶解度数据）略少的溶剂，然后渐渐添加至恰好溶解，最后再多加少量溶剂？

4. 为什么活性炭要在固体物质完全溶解后加入？又为什么不能在溶液沸腾时加入？

5. 使用布氏漏斗过滤时，如果滤纸大于布氏漏斗内径时，有什么不好？

6. 停止抽滤前，如不先打开安全瓶上的活塞就关闭水泵，会产生什么后果？

7. 用水重结晶乙酰苯胺，在溶解过程中有油状物出现，这是什么？

实验七　色谱法

色谱法也叫层析法，是20世纪初由俄国植物学家 M. Tswett 在研究植物色素成分时所发明的一种物理化学分离方法。为了分离提纯植物色素，他将碳酸钙填装在玻璃管中作吸附剂，将色素石油醚提取液从柱顶加入，再用纯石油醚作为洗脱剂进行洗脱。由于碳酸钙对各种色素成分吸附能力和它们在石油醚中的溶解度不同，各种色素成分随石油醚下降的速度也就不同，从而在柱内不同部位形成颜色不同的色带，然后对不同的色带进行定性、定量分析，因而这种分离方法被命名为色谱法，并沿用至今。

20 多年后，色谱法迅速发展、不断改进，相继出现薄层色谱法和纸色谱法，并提出了色谱分析的塔板理论。20 世纪 50 年代以后，色谱法发展更加迅速和广泛，推出了气相色谱法和高分离效率的毛细管色谱法。60 年代创立了凝胶色谱法和高效液相色谱法。高效液相色谱法的创立弥补了气相色谱法不能直接分析难挥发、热不稳定及高分子化合物样品的缺陷，使色谱法的应用范围更加广泛。80 年代又创建了超临界液体色谱法和毛细管电泳法。至此，色谱法已发展成为一门新兴的学科——色谱学。目前，这门具有强大生命力的分离分析技术正继续向着智能化、联用技术和多维色谱法的方向快速发展，成为生命科学及其他许多研究领域不可缺少的重要分离分析手段。

薄层色谱法和柱色谱法是有机物分离常采用的两种方法。柱色谱、薄层色谱和纸色谱在原理和操作方面是相似的。主要用于化合物的分离、纯化和鉴定，也常用于制备性分离。柱色谱在分离时一般所需样品量较大，所用时间也较长，不适用较小量样品的分离。纸色谱只适用于较小量样品的分离，其灵敏度较低。而薄层色谱同时兼备了柱色谱和纸色谱两者的优点，既适用于小量样品的分离，又能对较大量样品进行分离、精制，而且它的分离时间较短（几十分钟）。这样迅速而有效的分离效果是柱色谱和纸色谱所不可比拟的，由于薄层色谱具有以上优点，而且操作方便、设备简单，所以薄层色谱发展很快，广泛应用于生物制药、化学化工、生物医学等领域。

一、柱色谱法

【实验目的】

1. 掌握柱色谱法的基本原理和操作。
2. 学会利用柱色谱法分离和提纯有机化合物。

【实验原理】

柱色谱法，又称柱层析法，常用来分离和提纯有机化合物。常用的柱色谱有吸附柱色谱和分配柱色谱两类。前者常用氧化铝或硅胶作固定相；分配柱色谱则以硅胶、硅藻土、纤维素等为支持剂，以吸收较大量的活性液体为固定相。本实验主要介绍吸附柱色谱法。

吸附柱色谱法属于固-液层析，是利用固定相（吸附剂）对不同物质的吸附力不同、各组分在吸附剂-流动相（洗脱剂）间的溶解度不同，使混合物中各组分达到分离。通常，填入到玻璃柱中的固体吸附剂比表面积较大，是经过活化的多孔或粉末状物质。从柱的上端倾加待分离的混合物溶液，混合物被吸附剂吸附。然后，从上端不断加入适当的洗脱剂进行洗脱。由于各组分被吸附的能力不同，所以随洗脱剂下移的速度也不同。随着洗脱的不断进行，各组分被带到不同的层次。若被分离的是有色物质，则在柱中形成若干个色带。继续洗脱，已经分开的组分可从柱的下端逐一流出。然后分别加以收集。对于柱上不显色的化合物，可分段收集流出部分，再做光谱鉴定。

【仪器、药品】

层析柱（20×1.5cm，见图16），铁架台，小漏斗，100mL 分液漏斗，100mL 烧杯，100mL 锥形瓶，1mL 移液管，脱脂棉；

0.05％甲基橙-0.25％次甲基蓝混合乙醇溶液，100～200 目层析用中性氧化铝，95％乙醇。

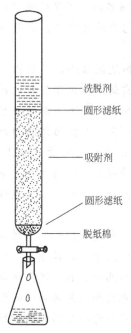

图 16　柱色谱装置图

（图中标注：洗脱剂、圆形滤纸、吸附剂、圆形滤纸、脱纸棉）

【实验步骤】

1. 装柱

取一根洗净的层析柱垂直固定在铁架台上，以锥形瓶作洗脱液的接收器。柱底部用少量脱脂棉轻轻塞住，在脱脂棉的上面铺一张比柱内径略小的滤纸，关闭活塞，向柱中加入 95％乙醇 5mL。

取 10g 层析用中性氧化铝于 100mL 烧杯中，再加入 15mL 95％乙醇，用玻棒调成糊状。打开层析柱活塞，控制流速 1 滴/s，然后将糊状氧化铝通过小漏斗慢慢加入到层析柱内。边加边轻轻敲打柱身下部，使氧化铝沉降均匀、平整，填装紧密。待沉降结束后，在氧化铝上面放一圆形滤纸。装柱结束，注意不能让柱顶变干[1]。

2. 加样

当柱中乙醇液面下降至离氧化铝表面约 1mm 时，关闭活塞，立即用移液管加入 1mL 次甲基蓝和甲基橙的混合溶液。

3. 洗脱

打开柱活塞，控制流速 1 滴/s，从分液漏斗中滴加 95％乙醇进行吸脱。随着乙醇的不断滴入，在柱上形成了两个明显的色带。当次甲基蓝到达柱底时，更换接收器，接收全部色带溶液。关闭柱活塞，更换分液漏斗中的乙醇为蒸馏水，继续重复上述操作，收集全部甲基橙水溶液。

【附注】

[1] 不能让柱顶变干。否则，将会有空气进入吸附剂，影响分离效果。若发现气泡，应设法排除，若不能排除，则倒掉重新装柱。

【思考题】

1. 装柱时应注意什么事项？若装柱不均匀、有气泡，会有什么后果？如何避免？

2. 柱层析中为什么极性大的组分要用极性大的溶液来洗脱？

二、薄层色谱法

【实验目的】

1. 学习薄层色谱法的原理和方法。

2. 掌握薄层色谱法分离、鉴定有机化合物的操作技术。

【实验原理】

薄层色谱法，也叫薄层层析法，它是一种微量、快速、简便和应用广泛的分离分析方法。薄层色谱法是将吸附剂（固定相）均匀地铺在玻璃板上制成薄层板，将样品溶液点加在起点（原点）处，放在密闭的容器中，用合适的展开剂（流动相）展开。由于样品中各个组分对吸附剂的吸附能力和在展开剂中的溶解度不同，当展开剂流经吸附剂时，发生无数次吸附-解附-吸附的反复过程。吸附力弱的组分会随流动相向前移动快，吸附力强的组分会滞留在后。经过一段时间展开后，吸附能力不同的组分会彼此分离。如果组分为无色物质，可用物理或化学方法显色定位。

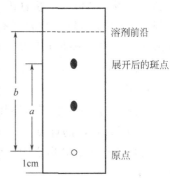

图 17　薄层色谱图

各组分斑点移动的速率可用比移值 R_f 表示。在薄板上混合物的每个组分上升的高度与展开剂上升的前沿高度之比称为该化合物的 R_f 值，又称比移值。计算 R_f 值的公式如下（见图 17 薄层色谱图）。

$$R_f = \frac{a}{b} = \frac{原点中心至斑点中心的距离}{原点中心至溶剂前沿的距离}$$

R_f 值在 0～1 之间，随分离化合物的结构、固定相与流动相的性质、温度等因素的不同而变化。当实验条件固定时，R_f 值为一特定的常数，因而可作为定性分析的依据。但由于影响 R_f 值的因素很多，实验数据往往与文献记载不完全相同，因此在鉴定时常用标准样品对照分析。

薄层色谱法主要用于有机化合物的分离和鉴定，也可用于半微量制备。此外，薄层色谱法也经常用于寻找柱色谱法的最佳分离条件。

【仪器、药品】

层析缸，玻璃板（12×5cm），毛细管，喷雾器，电吹风，托盘天平；

硅胶 G，0.1％羧甲基纤维素钠，0.1％精氨酸，0.05％丙氨酸，待分离溶液（0.05％丙氨酸与 0.1％精氨酸混合溶液），展开剂（正丁醇：冰醋酸：乙醇：水＝4∶1∶1∶2），0.5％茚三酮丙酮溶液。

【实验步骤】

1. 制备薄板

取 12×5cm 的玻璃板两块，洗净晾干，备用。

称取 3g 硅胶 G 置于小烧杯内，加 0.1％羧甲基纤维素钠 8mL，充分搅拌，调成均匀的糊状，均分在备用的两块玻璃板上，用玻璃棒快速涂平后，立即用拇指和食指拿住玻璃板做前后左右摇晃摆动，使流动的硅胶 G 均匀地平铺在玻璃板上[1]。也可将玻璃板在台面上轻轻跌落数次。然后将玻璃板放于水平的台面上，室温晾半小时（基本收干水分），移入烘箱内缓慢升温至 110℃，加热活化半小时，稍冷后，置于干燥器中备用。

2. 点样

在薄层板一端距边沿 1.0cm 处，用铅笔轻轻在薄板两边作一记号，作为点样线。取管口平整的毛细管点加样品[2]，样品斑点的扩散直径以 2～3mm 为宜。尽量一次成功。若一次点样不够时，应在溶剂挥发后再点一次。各样品点之间的距离在 1.5cm 左右。

3. 展开

向洁净的层析缸内加入展开剂 30mL，加盖密闭使溶剂蒸气饱和 5～10min。再将已点加样品的薄板倾斜放入层析缸内，点样一端朝下，浸入展开剂约 0.5cm（注意勿使样品浸入展开剂），密闭层析缸。当展开剂前沿上升处距薄板上端约 1.0cm 处或各组分已明显分开时，取出薄板，用铅笔快速在展开剂上升的前沿处划一记号[3]。晾干，也可用电吹风吹干，但应吹反面（即没有硅胶 G 的一面），以免吹掉硅胶层。

4. 显色

将薄板均匀地喷上茚三酮溶液，用电吹风均匀加热薄层板背面，斑点可显紫红色。

5. 比移值 R_f 的计算

测量原点中心到斑点中心的距离，分别计算三者的 R_f 值。

【附注】

[1] 薄层板制好后，要求平滑均匀。否则，展开剂前沿不齐，色谱结果也不易重复。

[2] 点样时，所用毛细管必须专用，垂直点样；且使毛细管刚好接触薄层即可，切勿点样过重而使薄层破坏。

[3] 如不及时划上记号，等展开剂挥发后，就无法确定展开剂上升的高度，即 b 值。

【思考题】

1. 为什么在一定条件下，可用 R_f 值来鉴定化合物？

2. 层析缸内展开剂过多，其高度超过了点样线，对薄层色谱有何影响？

3. 为制备平滑均匀的薄层板，除本文上述方法外，还可以用什么方法？

实验八　有机化合物的化学性质

化合物的性质，取决于整个分子中主要原子的种类、数目以及它们之间连接的次序和方式，也就是取决于整个分子的化学结构。根据化合物的化学结构，可以合理推测其化学性质。反过来，依据化合物化学性质即该化合物所能进行的化学反应，也可以推测、判断出化合物可能的化学结构。例如，根据与三氯化铁的颜色反应可推断此化合物中有酚结构或烯醇结构存在；根据卤仿反应可推断具有活泼甲基的醇、醛或酮的存在。另一方面，分子中各原子和原子团之间也是相互影响的，例如，氯乙酸的电离度明显高于乙酸；与不同基团相连的羟基，表现出的性质不同，例如与烷基相连的羟基显中性，与芳环相连的羟基显弱酸性，而与羰基相连的羟基显酸性。

醇、酚、醛和酮都是重要的有机化合物，有些在医药上可用作消毒剂、防腐剂、溶剂，有些是常用的化工原料。醇和酚的分子中都含有相同的官能团——羟基，都可以和活泼金属反应。但醇中的羟基和烷基相连，而酚中的羟基直接连在芳环上。所以这种结构上的差异，使酚羟基的酸性明显强于醇羟基的酸性。醛和酮分子中的羰基都较活泼，由于结构上的共同特点，使这两类化合物具有许多相似的化学性质，如可进行亲核加成反应、羟醛缩合反应、克莱门森还原等。但是，醛和酮的化学结构并不完全相同。因此，醛和酮的化学性质是存在差异的。一般地，醛比酮的化学活性高，更容易发生亲核加成反应。通过本实验，将有助于加深理解有机化合物的结构与性质之间的关系。

一、醇和酚的化学性质

【实验目的】

1. 通过认识醇和酚的重要反应现象，加深理解分子结构与化学性质的关系。
2. 掌握醇和酚的主要化学性质及其性质上的差异。
3. 掌握醇和酚的常用鉴别方法。

【实验原理】

醇类和酚类均含有相同的官能团——羟基，但二者所连烃基不同，且酚类的羟基和芳环存在 p-π 共轭现象。因此，它们的化学性质有相似之处，也存在较大差异。

1. 醇类

一元醇是中性化合物，与碱的水溶液不起作用。但醇羟基上的氢易被金属钠取代，生成醇钠，同时放出氢气。这个反应常用于醇的鉴定。但这一反应必须在无水的条件下进行，因为金属钠更容易和水反应，生成的醇钠遇水立即水解成原来的醇和氢氧化钠。

在酸性 $KMnO_4$ 或 $K_2Cr_2O_7$ 的作用下，伯醇很容易被氧化成醛，并进一步被氧化成羧酸；仲醇可被氧化成酮；而叔醇由于没有 α-H，在该条件下很难发生类似的氧化反应。

$$RCH_2OH \xrightarrow{[O]} RCHO \xrightarrow{[O]} RCOOH$$

$$R_2CHOH \xrightarrow{[O]} R_2CO$$

醇可与氢卤酸作用，其羟基可被卤素取代生成卤代烃。不同类型的醇，其羟基被卤素取代的速度不同。所以，可以利用 Lucas 试剂来鉴别伯、仲、叔三类低级醇。Lucas 试剂通常用等物质的量的无水氯化锌和浓盐酸混合制成，能与醇发生取代反应，结构不同的醇与 Lucas 试剂反应速度差异明显。

因为多元醇分子中羟基数目增多，羟基氢的电离度增大，所以，多元醇具有很弱的酸性。多元醇的弱酸性很难用酸碱指示剂来检查，若其中有两个邻位羟基时，可与重金属的氢氧化物发生反应。例如，甘油和氢氧化铜作用生成绛蓝色的甘油铜，此反应可作为邻羟基多元醇的定性检验的方法。

2. 酚类

酚具有弱酸性，能与氢氧化钠作用生成酚钠，酚钠遇较强的酸才发生分解，生成原来的酚。

由于存在 p-π 共轭效应，酚羟基能使芳环上的电子云密度增大而活化芳环，因而在其邻、对位上容易发生亲电取代反应。例如，苯酚和溴水在室温条件下就立即反应，生成白色沉淀。利用这一点，可以定性或定量分析酚类化合物。

大多数酚类能与 $FeCl_3$ 发生特殊的颜色反应，产生颜色的原因主要是生成了酚铁络离子；具有烯醇结构的化合物也有这种颜色反应。

酚类易被氧化，氧化的产物受氧化条件的制约。多元酚更易被氧化，因此是强还原剂。例如，对苯二酚可被 $K_2Cr_2O_7$ 的 H_2SO_4 溶液氧化成对苯醌，也可以还原曝光的卤化银成单质银，作洗印照片的显影剂。

【仪器、药品】

小试管，酒精灯，玻璃蜡笔；

无水乙醇，正丁醇，金属钠，1%酚酞，95%乙醇，异丙醇，叔丁醇，0.5%重铬酸钾，3mol/L H_2SO_4，浓盐酸，2%$CuSO_4$，5%NaOH，甘油，苯酚，2%苯酚，饱和溴水，1%间苯二酚，0.2%邻苯二酚，0.5%1,2,3-苯三酚，1%$FeCl_3$，4%对苯二酚，5%重铬酸钾。

【实验步骤】

1. 醇的化学性质

（1）醇钠的生成及其水解

取两支干燥的小试管，分别加入 1mL 无水乙醇和 1mL 正丁醇，再各加入一粒绿豆大小的金属钠（用滤纸擦干表面煤油）。然后，用拇指封住试管口，并观察比较气泡的生成速度快慢。待试管内生成的气体聚集到一定量时，将试管口靠近灯焰，放开拇指，观察有何现象，有何种声音。

待金属钠与乙醇全部作用完毕后[1]，微热使多余的醇蒸发，即有醇钠固体析出。滴 2～3 滴水于固体上使其溶解，然后滴加 1%的酚酞 1 滴，观察有何现象。

（2）醇的氧化

取三支小试管，对其编号后各加入 0.5%重铬酸钾溶液 2 滴和 3mol/L H_2SO_4 1 滴，然后分别加入乙醇、异丙醇和叔丁醇各 10 滴，将各试管摇匀，3min 后观察比较各有何现象。

（3）醇羟基被卤素的取代

取叔丁醇 10 滴于干燥试管中，加入浓盐酸 1mL，混合均匀，观察现象，在室温振摇数分钟，静置并观察试管内溶液是否变浑浊，有无分层现象。

（4）多元醇与氢氧化铜的作用

取两支小试管，各加入 6 滴 2％的 $CuSO_4$ 溶液、5 滴 5％NaOH 溶液，使 $Cu(OH)_2$ 完全沉淀下来，然后在两支试管中分别加入 2 滴甘油和乙醇，摇匀后观察现象，并加以比较。

2. 酚的化学性质

（1）酚的酸性

取一支试管，加蒸馏水 1mL，再加入 3 滴液态苯酚[2]，充分振荡，有何现象？然后滴入 5％NaOH 溶液 1～2 滴，则溶液澄清（为什么？），在此澄清液中再滴加 $3mol/L\ H_2SO_4$，2～3 滴使其呈酸性，观察有何变化。

（2）酚的取代

取 2％苯酚溶液 5 滴于一小试管中，慢慢加饱和溴水 1～2 滴[3]，振荡后观察现象。

（3）酚与 $FeCl_3$ 溶液的反应

取四支小试管编上号，分别加入 2％苯酚、1％间苯二酚、0.2％邻苯二酚、0.5％1，2,3-苯三酚各 10 滴。再在每支试管中各加入 1 滴 1％$FeCl_3$ 溶液，摇匀后观察现象。

（4）酚的氧化

在一试管中加入 4％对苯二酚溶液 10 滴，再滴加 2 滴 $3mol/L\ H_2SO_4$，边振荡边慢慢滴加 5％$K_2Cr_2O_7$ 10 滴，观察是否有黄色结晶析出[4]。

【附注】

[1] 乙醇与钠作用时，溶液逐渐变稠，使得金属钠外面包上一层醇盐，从而反应逐渐变慢。这时稍微加热或振荡试管可使反应加快。如果反应停止后溶液中仍有残余的钠，可用镊子将钠取出，放在适量乙醇中销毁，切不可直接丢入水中。

[2] 将固态苯酚放入滴瓶中，再把滴瓶放入 50～60℃热水中一小段时间，即可得到液态苯酚。

[3] 溴水是溴化剂，也是氧化剂。当苯酚的水溶液发生溴代作用时，很快产生白色的 2,4,6-三溴苯酚。如果溴水过量，会生成难溶于水的四溴化合物，使溶液变为淡黄色。

[4] 对苯二酚可被 $K_2Cr_2O_7$ 的 H_2SO_4 溶液氧化成对苯醌。

对苯二酚无色，对苯醌是黄色晶体，具有特殊的刺激性臭味，难溶于水。但在反应过程中首先生成许多黑绿色的沉淀，原因是氧化产物对苯醌与反应液中的对苯二酚以分子间的氢键形成了络合物对苯醌合对苯二酚（醌氢醌）。

这个络合物可继续被氧化为对苯醌，继续滴加 $K_2Cr_2O_7$ 溶液，直到试管壁和溶液上层出现黄色晶体（对苯醌）为止。

【思考题】

1. 做乙醇与钠反应的实验时，为什么需保持试管干燥？而做醇的氧化实验时，则可用 95% 的乙醇？
2. 如何用化学方法区别甘油和苯酚？
3. 如何用化学方法区别乙醇和水杨酸？

二、醛和酮的化学性质

【实验目的】

1. 进一步加深认识醛、酮的分子结构与化学性质的关系。
2. 掌握醛、酮的化学反应及常用的鉴别方法。

【实验原理】

醛和酮分子中都含有羰基，统称为羰基化合物，因而它们的化学性质有许多相似之处。例如，醛和脂肪族甲基酮都能与饱和 $NaHSO_3$ 溶液发生亲核加成反应，产物在低温时呈白色晶体析出。若产物与稀酸或稀碱共热，又可分解为原来的醛或酮；醛、酮均能与 2,4-二硝基苯肼缩合，生成黄色结晶 2,4-二硝基苯腙，故常用来鉴别羰基化合物；在碱性溶液中，乙醛和脂肪族甲基酮均能与碘单质作用生成黄色固体碘仿（有特殊刺激性气味，易识别），称此反应为碘仿反应。但要注意，α-碳上连有甲基的伯醇、仲醇也能发生碘仿反应。

在醛分子中，羰基上连有一个氢原子，而酮没有。故醛的化学性质比酮活泼，易被弱氧化剂氧化。如醛能与托伦（Tollens）试剂作用发生银镜反应；脂肪醛与斐林（Fehling）试剂作用生成氧化亚铜，但芳香醛与斐林试剂不反应，可用此反应来区别脂肪醛和芳香醛；醛与品红亚硫酸试剂发生灵敏的显色反应，而酮不发生这个反应，故此反应常用来鉴别醛、酮。

有些羰基化合物还可表现出某些特殊的反应。例如，在碱性溶液中，丙酮能与亚硝酰铁氰化钠发生颜色反应，此反应用作检验丙酮的存在。

【仪器、药品】

大试管，小试管，250mL 烧杯，酒精灯，石棉网，玻璃棒，试管夹；

乙醛，丙酮，95% 乙醇，10% Na_2CO_3，异丙醇，苯甲醛，10% NaOH，5% $AgNO_3$，5mol/L 氨水；饱和亚硫酸氢钠，2,4-二硝基苯肼，碘溶液，斐林试剂Ⅰ，斐林试剂Ⅱ，品红亚硫酸试剂[1]；1:20 丙酮，1% 亚硝酰铁氰化钠。

【实验步骤】

1. 醛和酮相同的化学性质

（1）与亚硫酸氢钠的加成

在两支干燥试管中，各加入 1mL 新配制的饱和亚硫酸氢钠溶液，再分别加入 10 滴乙醛、10 滴丙酮，用力振荡后，在冰浴中放置 5min[2]，观察有无晶体析出。必要时加 1mL 乙醇再用力振荡，或用玻璃棒摩擦试管内壁，以促使晶体析出（因加成产物不溶于乙醇），静置 5min，观察现象。然后将两试管上清液倾去，各加入 10% Na_2CO_3 溶液 1mL，加热，观察现象。

（2）与 2,4-二硝基苯肼的反应

取两支试管，各加入 1mL 2,4-二硝基苯肼溶液，再分别加入 3～4 滴乙醛、3～4 滴丙酮，振荡后，观察有无结晶析出，若有晶体其颜色如何。

（3）碘仿反应

取三支试管，分别加入 2 滴乙醛、2 滴丙酮、2 滴异丙醇，然后各滴加碘试液 10 滴，摇匀后再各滴加 10％NaOH 至碘的颜色退去为止。观察有何现象，为什么？

2. 醛和酮不同的化学性质

（1）与托伦试剂的反应

在一洁净的试管中加入 5％AgNO$_3$ 溶液 1mL 和 10％NaOH 溶液 1 滴，此时试管中立即有棕黑色的沉淀出现，然后在振荡下逐滴加入 5mol/L 氨水至析出的氢氧化银沉淀恰好刚刚溶解为止。将制得的托伦试剂[3]分置于两个洁净的试管中，分别加入 1 滴乙醛、1 滴丙酮，摇匀后放置 1min。如无变化可在 50～60℃的水浴中加热 2min，再观察现象，并比较结果[4]。

（2）与斐林试剂反应

取三支试管，各加斐林试剂Ⅰ和斐林试剂Ⅱ各 10 滴，摇匀后，再分别加入 4 滴乙醛、4 滴苯甲醛、4 滴丙酮，摇匀后，在沸水浴中加热 3～5min[5]，观察并比较实验现象。

（3）与品红亚硫酸试剂反应

取两支试管，各加入 10 滴品红亚硫酸试剂，再分别加入 2 滴乙醛、2 滴丙酮。摇匀后观察两试管有何现象。

（4）丙酮的检查

取一支试管，加入 1∶20 丙酮溶液 5 滴，然后加入 1％亚硝酰铁氰化钠和 10％NaOH 各 2 滴，观察呈何种颜色。

【附注】

[1] 试剂配制

① 饱和亚硫酸氢钠　将 208g NaHSO$_3$ 溶于 500mL 蒸馏水中，再加入 125mL 乙醇，放置沉淀完全，过滤备用。此试剂需现用现配，并塞紧瓶塞保存。

② 2,4-二硝基苯肼试剂　取 2,4-二硝基苯肼 1g 溶于 7.5mL 浓硫酸中，将此酸性溶液加到 75mL 95％乙醇中，随加随搅拌，最后用蒸馏水稀释至 250mL，必要时过滤后备用。此试剂对水溶性和非水溶性的样品皆适用，因其中含有乙醇。

③ 碘溶液　将 2g 碘和 5g 碘化钾溶于 100g 水中。

④ 斐林试剂　斐林试剂Ⅰ，将 17.5g 硫酸铜晶体（CuSO$_4$·5H$_2$O）溶于 500mL 蒸馏水中，加浓硫酸 0.5mL，混合均匀。斐林试剂Ⅱ，将 173g 酒石酸钾钠晶体（KNaC$_4$H$_4$O$_6$·4 H$_2$O）和 70g 氢氧化钠溶于 500mL 蒸馏水中。两种溶液分别保存，使用时取等体积混合。

⑤ 品红亚硫酸试剂　将 0.2g 品红盐酸盐（也叫碱性品红或盐基品红）研细，溶于含 2mL 浓盐酸的 200mL 蒸馏水中，再加入 2g 亚硫酸氢钠，搅拌后静置过滤，至红色褪去。如果溶液最后仍呈黄色，则加入 0.5g 活性炭搅拌过滤，贮存于严密的棕色瓶中。

[2] 振荡可使反应物均匀混合，反应更充分。亲核加成作用时有热量放出，故需将稍微发热的混合液在冰水中冷却片刻。

[3] 防止加入过量的氨水，否则将生成雷酸银（AgONC）。雷酸银受热容易引起爆炸，试剂本身还将失去灵敏性。托伦试剂久置后，将析出黑色的氮化银（Ag$_3$N）沉淀。它受震动时分解，发生猛烈的爆炸，有时潮湿的氮化银也能引起爆炸。因此，托伦试剂必须现配现

用，不宜贮存备用。

[4] 此实验试管一定洗刷干净，否则在试管壁上生不成银镜，只是产生银的黑色细粒沉淀。洗涤方法是，试管依次用温热的浓硝酸、水、蒸馏水洗涤。实验完毕，及时用稀硝酸少许将试管中银镜洗去，以免反应液久置产生雷酸银。

[5] 此实验加热时间不宜过长，否则，斐林试剂亦会生成少量氧化亚铜砖红色沉淀。

【思考题】

1. 鉴别醛、酮有哪些较简便的方法？

2. 下面的化合物中哪些可以产生碘仿反应？

(1) $CH_3—CO—CH_2—CH_3$ (2) $CH_3—CH(OH)—CH_3$

(3) $CH_3—CH_2—CO—CH_2—CH_3$ (4) $CH_3—CO—C_6H_5$

3. 如何用化学方法区别丙酮、苯甲醛、环己醇、环己烯和环己烷？

三、羧酸及其衍生物的化学性质

【实验目的】

掌握羧酸及其衍生物的主要化学性质。

【实验原理】

羧酸均有酸性，除甲酸和草酸外，其他都是弱酸。甲酸结构中因含有醛基，还具有还原性。草酸是两个羧基直接相连，在加热条件下易发生脱羧反应。羧酸和醇在催化剂存在下受热便生成酯，酯一般具有香味。

酯和酸酐均为羧酸衍生物，它们都可发生水解反应和醇解反应，但活性不同。它们水解的主产物都是羧酸，醇解的主要产物都是酯。

【仪器、药品】

大试管，小试管，带有软木塞的导管，玻璃棒，温度计，50mL 烧杯，吸管，铁架（或三角铁架），水浴锅；

10％甲酸，10％乙酸，pH 试纸，红色石蕊试纸，10％NaOH，0.05％KMnO$_4$，5％AgNO$_3$，浓氨水，草酸，石灰水，异戊醇，冰醋酸，浓硫酸，苯甲酸乙酯，10％HCl，乙酸酐，无水乙醇。

【实验步骤】

1. 羧酸的性质

(1) 酸性　用干净玻璃棒分别蘸取 10％甲酸、10％乙酸于湿润的 pH 试纸上，测定其pH 值。

(2) 甲酸的特性

① 与 KMnO$_4$ 的作用　取 10 滴 10％甲酸溶液于试管中，然后加 10 滴 10％NaOH 溶液使呈碱性后（用红色石蕊试纸试验），再加入 0.05％KMnO$_4$ 溶液 2～3 滴，注意观察试管中颜色变化[1]。

② 与托伦试剂的作用　取 10 滴 10％甲酸溶液于一干净试管中，加 10 滴 10％NaOH 使其呈碱性（用红色石蕊试纸试验）。然后再加硝酸银的氨溶液（另取一支干净试管滴入 10 滴 5％AgNO$_3$ 溶液，加 1 滴 10％NaOH 溶液，逐滴加入浓氨水至生成的沉淀刚刚溶解为止）。加热至沸，观察现象。

　（3）草酸的脱羧反应　取 0.5g 草酸，放在带有导管的试管中，使导管另一端伸入另一盛有 2mL 石灰水的试管中。加热草酸，待有气泡连续产生后，观察盛石灰水的试管内有何变化。

　（4）酯化反应　取一干燥试管加入 1mL 异戊醇和 8 滴冰醋酸，混合后再加 10 滴浓 H_2SO_4。振荡试管并将它放在 $60\sim70℃$ 水浴中加热 5min（注意不要使试管内液体沸腾）。然后将液体从试管中倒入盛有冷水的小烧杯中，观察现象，注意产物的气味。

　2. 羧酸衍生物的性质

　（1）酯的水解　在一大试管中滴加苯甲酸乙酯 1mL 和 10% NaOH 溶液 5mL，将试管放在沸水浴中加热 $20\sim30min$，在加热过程中须不时取出振摇。然后使溶液冷却，用滴管将下层液吸取一部分至小试管中，用 10% HCl 酸化，观察有无白色结晶析出。

　（2）酸酐的醇解　在一干燥的小试管中，加入乙酸酐 15 滴，再加无水乙醇 1.5mL。然后放在水浴中加热至沸，加入适量 10% NaOH 溶液至呈弱碱性[2]（用红色石蕊试纸试验），嗅此混合液有无香味。

【附注】

　[1] 甲酸在碱性溶液中与 $KMnO_4$ 作用，紫红色反应液迅速发黑，然后再转化为鲜绿色，最后转化成棕色沉淀。这是因为 $KMnO_4$ 在碱性溶液中氧化甲酸盐后本身变成了鲜绿色的锰酸盐（MnO_4^{2-}）。最初由于绿色的锰酸盐与紫红色的高锰酸盐同时并存，因此使溶液呈黑色，继续氧化时锰酸盐转变成二氧化锰棕色沉淀。

　[2] 乙酸酐的醇解作用最后用 NaOH 中和至弱碱性，不仅可以中和反应中产生的醋酸，并可破坏尚未反应的乙酸酐，因醋酸和乙酸酐均有特臭，它们的存在会使乙酸乙酯的香味难被察觉。

【思考题】

　1. 甲酸为什么具有还原性？

　2. 比较酰胺、酯、酸酐、酰卤发生水解反应的活性强弱。

四、含氮有机物的化学性质

【实验目的】

　1. 掌握芳香胺、酰胺及重氮化合物的结构及主要化学性质。

　2. 掌握某些含氮有机物的鉴定方法。

【实验原理】

　1. 芳香胺

　苯胺是一种芳香伯胺，微溶于水，呈弱碱性，能与无机酸作用生成可溶性的盐。由于氨基氮原子和苯环存在一定程度的共轭效应，苯胺的本环邻位和对位上氢原子容易发生亲电取代反应。

　在低温和酸性条件下，芳香族伯胺与亚硝酸可发生重氮化反应，生成芳香重氮盐。苯胺生成的重氮盐在低于 5℃ 的环境下较为稳定，当温度超过 5℃ 时，很快分解并放出氮气，生成苯酚。芳香重氮盐正离子是一种弱亲电试剂，在一定的条件下，其能与酚类和芳香胺类化合物在对、邻位发生亲电取代反应，生成有颜色的偶氮化合物，这种反应叫做偶联反应。

2. 酰胺

尿素是碳酸的二酰胺，具有酰胺的一般性质，即有一定的碱性，与酸作用；能被酸或碱催化水解。另外，尿素还有一个特殊的反应，即将尿素加热至熔点以上，两分子尿素缩合脱去一分子氨生成缩二脲。缩二脲可在碱性溶液中与微量铜盐生成紫红色配合物，该反应称为缩二脲反应。凡是含有两个或两个以上酰胺键的化合物（如多肽、蛋白质），都可以发生缩二脲反应。

【仪器、药品】

大试管，小试管，试管夹，酒精灯，滴管，玻璃棒；

苯胺，浓盐酸，饱和溴水，25％NaNO₂，碘化钾淀粉试纸，1％盐酸苯胺，饱和醋酸钠溶液，苯酚碱溶液，尿素，红色石蕊试纸，2％CuSO₄，50％尿素，浓 HNO₃，饱和草酸溶液，10％NaOH，冰醋酸。

【实验步骤】

1. 胺的性质

（1）苯胺的碱性

取 1mL 水于小试管中，加 2 滴苯胺，振荡即成乳浊液，加 2～3 滴浓 HCl。振荡，观察现象。

（2）苯胺的取代反应

取 2mL 水于小试管中，加 1 滴苯胺并振荡，再加 2～3 滴饱和溴水，观察现象。

（3）重氮化反应

加 5 滴苯胺、5 滴水和 10 滴浓盐酸于一小试管中，把试管放在冰水浴中冷却，搅拌 1min，保持温度在 0～5℃，边搅拌边逐滴滴加 25％NaNO₂ 溶液[1]，至反应液刚刚能使碘化钾淀粉试纸变色[2]。并且继续搅拌，至仍能使该试纸变色为止，便可得到氯化重氮苯溶液[3]，把该溶液仍保持在冰水浴中，备用。

2. 重氮盐的性质——偶联反应

（1）与苯胺的偶联

将上面得到的氯化重氮苯溶液均分成二等份，一份中加入 5 滴 1％的盐酸苯胺溶液和 8～10 滴饱和醋酸钠溶液，观察现象。

（2）与苯酚的偶联

在另一份氯化重氮苯溶液中，加入 2 滴苯酚碱溶液，振荡，观察现象。

3. 酰胺的性质

（1）尿素的碱性

取两支小试管，加入 50％尿素溶液各 5 滴，然后分别加入 5 滴浓 HNO₃ 和 5 滴饱和草酸溶液，观察现象。

（2）尿素的水解

取 10％ NaOH 溶液 1mL 于小试管中，加 10 滴 50％尿素溶液，将混合液加热至沸腾。轻轻嗅闻所产生气体的气味或将湿润的红色石蕊试纸放在试管口上，观察现象。

（3）与亚硝酸的作用

取 10 滴 50％尿素溶液于小试管中，再加 10 滴冰醋酸和 1 滴 25％亚硝酸钠溶液，振荡，观察现象。

（4）缩二脲反应

① 缩二脲的生成

称取尿素约 0.1g 于小试管中，小心缓慢地加热至熔化，继续缓慢加热，轻轻嗅闻所产生气体的气味或将湿润红色石蕊试纸放在试管口上检验，最后缓慢加热至试管中有固体物质凝固，该固体即为缩二脲。

② 缩二脲反应

上述试管冷却后，加入 3mL 水和 5 滴 10% NaOH 溶液，加热使固体溶解。然后再加 3~4 滴 2% CuSO$_4$ 溶液，观察现象。

【附注】

[1] 亚硝酸盐属致癌物质，实验时勿使之与皮肤接触。

[2] 在冰水浴中，试管中的盐酸苯胺会因冷却而析出，溶液会变成糊状。随 NaNO$_2$ 溶液的逐渐加入，沉淀逐渐减少。至滴加的 NaNO$_2$ 溶液刚好使沉淀完全溶解，这时即达到重氮化终点。

[3] 氯化重氮苯溶液应为无色或浅棕色透明溶液。若溶液呈现较深的红色或棕色，可能是温度没控制好。温度高于 5℃ 时，氯化重氮苯就分解成苯酚，苯酚再与未分解的氯化重氮苯偶联而生成有颜色的物质。

【思考题】

1. 比较苯胺和苯酚化学性质的异同点。

2. 何谓重氮化反应？此反应为什么必须在低温和强酸性条件下进行？

3. 何谓缩二脲反应？有何应用？

五、糖的化学性质

【实验目的】

1. 掌握糖的结构和主要化学性质。

2. 掌握重要糖类化合物的鉴定方法。

【实验原理】

糖也叫做碳水化合物，是多羟基醛、多羟基酮或它们的缩合产物，分为单糖、寡糖和多糖。

单糖和具有半缩醛羟基的二糖具有还原性，叫做还原糖，它们能还原弱氧化剂，如托伦试剂、斐林试剂或班氏试剂。无半缩醛羟基的二糖和多糖无还原性，不能还原上述试剂；但它们能水解生成具有还原性的单糖，继而发生上述反应。在酶或酸催化下寡糖和多糖更易水解。多糖因碳链较长，游离的半缩醛羟基在分子中所占比例较小，故无还原性。

单糖与盐酸苯肼作用生成的糖脎是难溶于水的黄色结晶。糖脎的生成速度和晶体的形状及其熔点等因糖的不同而异，据此可以鉴别不同的糖。

在强酸中，糖能发生分子内脱水反应。例如，戊醛糖脱水生成糠醛，己醛糖脱水生成 5-羟甲基糠醛。两者都可以与一些酚类物质结合生成有色的物质，称为糖的颜色反应。例如，果糖与西里瓦诺夫试剂反应速度很快，而葡萄糖与其反应的速度较慢，借此可以区别果糖和葡萄糖。

【仪器、药品】

大试管，小试管，250mL 烧杯一个，显微镜；

班氏试剂，2%葡萄糖，2%果糖，5%麦芽糖，2%蔗糖，5%乳糖，2%半乳糖，2%阿拉伯糖，西里瓦诺夫试剂，3mol/L H_2SO_4，5%Na_2CO_3，盐酸苯肼试剂。

【实验步骤】

1. 糖的还原性

取五支小试管，编上号码，各加入 10 滴班氏试剂，然后分别加入 5 滴 2%葡萄糖、2%果糖、5%麦芽糖、2%蔗糖、2%淀粉溶液，充分振荡后把试管一起放入沸水中，加热 2～3min，观察现象。

2. 蔗糖和淀粉的水解

在两支小试管中，分别加入 2mL 2%蔗糖、2%淀粉溶液，再各加 2 滴 3mol/L H_2SO_4，振荡后把试管放入沸水浴中，把蔗糖溶液加热 10～15min，淀粉溶液加热 20～25min，取出试管，用 5%Na_2CO_3 溶液中和其中的酸，中和到试管中无气泡生成为止。取该溶液 10 滴，加班氏试剂 10 滴，振荡后把试管放入沸水浴中加热 2～3min，观察现象。

3. 糖脎的生成

取三支小试管，分别加入 2mL 2%葡萄糖、5%麦芽糖和 5%乳糖溶液，再各加入新配制的盐酸苯肼试剂[1]1mL。振荡后，将试管置入沸水浴中加热 35min。取出试管，自行冷却后即有黄色结晶——糖脎析出。记录不同糖脎析出所需的时间。取少许结晶，用显微镜观察各种糖脎的晶形。几种糖脎的晶形见图18。

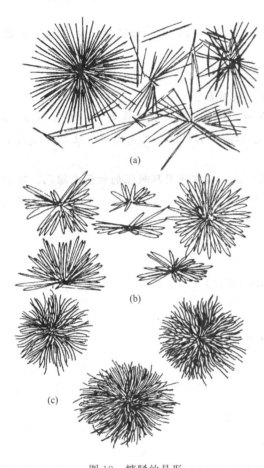

图 18 糖脎的晶形

(a) 葡萄糖脎；(b) 麦芽糖脎；(c) 乳糖脎

4. 糖的颜色反应

西里瓦诺夫试验：取两支小试管，各加西里瓦诺夫试剂[2]10 滴，然后分别加入 3 滴 2%葡萄糖、2%果糖，将试管振荡后，同时放入沸水浴中加热，观察出现颜色的先后。

【附注】

[1] 苯肼有毒，使用时勿让其与皮肤接触。如不慎触及，应先用 5%醋酸溶液冲洗，再用肥皂水多次洗涤。

[2] 配制方法：间苯二酚 0.01g 溶于 10mL 浓盐酸和 10mL 水中，搅拌均匀即可。

【思考题】

1. 何谓还原糖？它们在结构上有什么特点？

2. 如何鉴别醛糖和酮糖？

实验九　有机化合物的光学性质

为了分析确定物质结构、组成、性质、含量等，科学工作者逐步建立、发展、完善了光学分析方法。光学分析方法是基于物质发射的电磁辐射或外界电磁辐射与物质的相互作用关联而建立起来的分析方法，可分为光谱法和非光谱法，或原子光谱法和分子光谱法，或吸收光谱法和发射光谱法。光谱法包含很多种，如原子吸收光谱法、原子发射光谱法、紫外分光光度法、可见分光光度法、红外分光光度法、核磁共振谱法、X 射线光谱法等。其中的[1]H 核磁共振谱（主要测定每个原子上所连的质子数），与质谱（主要研究分子断裂时碎片的归属情况）、红外吸收光谱（主要确定物质的官能团）、紫外吸收光谱（主要检测物质的显色官能团）并称为"有机四大谱"。综合利用"有机四大谱"，可以准确测定有机化合物的结构。

在有机化学中，常常测定有机化合物手性分子（不对称分子）的旋光性和物质的折射率等物理特性。比旋光度是反映某种物质旋光能力大小的物理常数。对于已知比旋光度的物质，通过测定其旋光度可以计算出该物质的浓度；同样，折射率也是物质的物理常数，测定物质的折射率可以鉴定物质。

一、比旋光度的测定

【实验目的】

1. 掌握旋光度的测定原理。
2. 熟悉旋光仪的结构和旋光度的测定方法。

【实验原理】

当偏振光通过具有旋光性的物质时，偏振光的偏振面便会发生旋转，这种现象称为旋光。偏振面旋转的角度即为旋光度。每一种手性物质在特定条件下都具有一定的旋光度，叫做比旋光度，比旋光度与物质的熔点、沸点一样，是物质本身所固有的一个物理常数。因此，通过测定旋光度不仅可以鉴定旋光性物质，而且可以检测其纯度及含量。

旋光度有正负，即左右之分，并且其大小，与溶剂的性质、溶液的浓度、旋光管的长度、测定时的温度及光波的波长等因素有关。因此，为了衡量物质的旋光性能，通常用比旋光度来表示物质的旋光性。即在一定温度下，含 1g/mL 旋光性物质的溶液在 1dm 长的旋光管中测得的旋光度。其公式为：

$$[\alpha]_\lambda^t = \frac{\alpha}{c \times l}$$

式中，α 为由旋光仪测得的旋光度；l 为旋光管的长度，dm；λ 为所用光源波长，通常用钠光源（$\lambda = 589.3$ nm），以 D 表示；t 为测定时的温度；c 为溶液浓度，g/mL。如果被测物质本身是液体，可直接放入旋光管中测定。纯液体的比旋光度用下式表示：

$$[\alpha]_\lambda^t = \frac{\alpha}{l \times d}$$

式中的 d 为纯液体的密度，g/cm^3。

以上两公式可以计算物质的比旋光度。若已知比旋光度的数值，还可以测定物质的浓度或纯度。测定物质旋光度的仪器为旋光仪。实验室常用 WXG-4 小型旋光仪，其外形及光学系统如图 19 和图 20 所示。

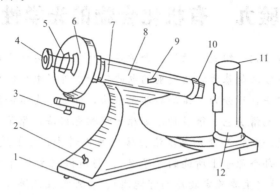

图 19　WXG-4 型旋光仪

1—底座；2—电源开关；3—度盘转动手轮；4—放大镜座；5—视度调节螺旋；
6—度盘游标；7—镜筒；8—镜筒盖；9—镜盖罩；10—镜盖连接筒；11—灯罩；12—灯座

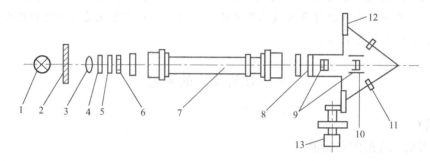

图 20　WXG-4 型旋光仪光学系统

1—电源；2—毛玻璃；3—聚光镜；4—滤光片；5—起偏镜；6—半波片；7—测量管；
8—检偏镜；9—物目镜；10—调焦手轮；11—读数放大镜；12—度盘及游标；13—度盘手轮

旋光仪光学系统见图 20，仪器主要部件是两块尼科尔棱镜，位于测量管的两端。第一块是固定的尼科尔棱镜，即起偏镜(5)，其功用是把通过聚光镜(3)及滤光片(4)的光转变成平面偏振光；然后在半波片(6)处产生三分视场。检偏镜(8)用于检测偏振光的旋转角度，当整个视场的三部分有同等最大限度的偏振光通过时，整个视场亮度是一致的，即为零点视场，如图 21(b)所示；否则整个视场显出明亮不同的三部分，如图 21(a)和(c)所示。

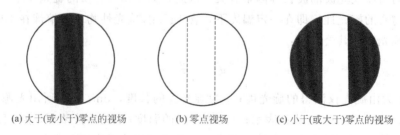

(a) 大于(或小于)零点的视场　　(b) 零点视场　　(c) 小于(或大于)零点的视场

图 21　三分视场变化示意图

【仪器、药品】

旋光仪，50mL 烧杯，擦镜纸，10.0%葡萄糖，10.0%果糖。

【实验步骤】

1. 接通电源，预热 3～5min，使灯光稳定[1]。

2. 零点的校正。用蒸馏水洗涤旋光管数次，然后装满蒸馏水，使液面刚刚突出管口，取玻璃盖轻轻平推盖好，保证管中无气泡。然后旋上螺丝帽盖不使其漏液（但也不能过紧，否则因盖子产生扭力使管内有空隙，影响旋光度）。擦干样品管外的液体将其放入旋光仪。转动检偏镜在视场中找出两种不同影式 [如图 21(a)和(c)所示]。在(a)和(c)之间转动旋钮，使视场达到亮度一致[2]，即零点视场 [如图 21(b)所示]。观察读数盘是否在零点，如果不在零点，应记下读数[3]，此即为零点校正值。测样品时应减去该数值。

3. 样品的测定。用待测液冲洗旋光管 2～3 次，然后加满待测液。找出零点视场，记下读数。然后另取一只小旋光管（或降低待测液浓度），用相同的方法测得读数，比较两个数的大小，如果第二次读数降低，则说明这个化合物是右旋的，且该数值即为其旋光度。反之，若第二次读数增大，则该化合物为左旋的，用读数减去 180° 即为其旋光度[4]。

用上述方法分别测定 10.0% 葡萄糖、10.0% 果糖的旋光度，然后计算它们的比旋光度。

4. 测定结束后切断电源，用蒸馏水冲洗旋光管，用软布拭干[5]。

【附注】

[1] 钠光灯连续使用时间不宜过久（不超过 4h），在连续使用时，中间最好关灯 15～20min，待钠光灯冷却后再用，以免影响其寿命。

[2] 在旋光仪视场中，有一明亮且亮度一致的视场（它的特点是不灵敏），这不是零点视场，不要与零点视场混淆。

[3] 读数方法：刻度盘分为 360 等份，并有固定的游标，分为 20 等份。读数时先看游标的 0 落在刻度盘上的位置，记下整数值，再看游标上和刻度盘上对准的线，读出游标上对准线的读数，作为小数点以后的数值 [如图 22 (a) 所示]。如果两个游标窗读数不同，则

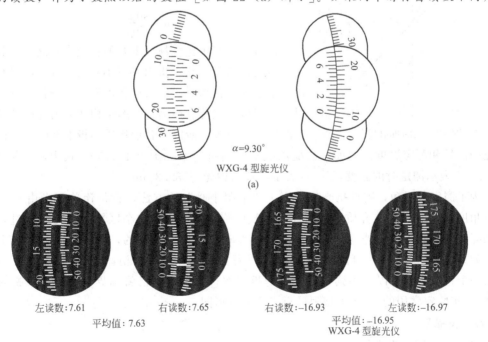

$\alpha = 9.30°$
WXG-4 型旋光仪
(a)

左读数:7.61　　　　右读数:7.65　　　　右读数:−16.93　　　　左读数:−16.97
平均值: 7.63　　　　　　　　　　　　　平均值: −16.95
　　　　　　　　　　　　　　　　　　WXG-4 型旋光仪
(b)

图 22　旋光仪读数示意图

取其平均值［图 22（b）是 WXG-4 型旋光仪的读数示意图］。

［4］对未知旋光度的化合物必须测定其旋光方向，这种方法称为两次测定法。对已知化合物只测一次即可。

［5］旋光管使用后应及时将溶液倒出，清洗干净并擦干后放入样品盒中（旋光管洗涤后不可置于烘箱内干燥，因玻璃与金属的膨胀系数不同，将造成破裂，用后可晾干或用乙醚冲洗数次吹干。此外，旋光管两端的圆玻片为光学玻璃，必须小心用软纸擦，以免磨损）。

【思考题】

1. 简述旋光仪的构造及其功能，使用时应注意什么。
2. 简述旋光度和比旋光度的意义。

二、折射率的测定

【实验目的】

1. 掌握物质折射率的测定方法。
2. 熟悉阿贝折光仪的结构和工作原理。

【实验原理】

当光线以非垂直于界面的角度由一种透明介质射向另一种透明介质时，在分界面上一部分光会发生折射现象（如图 23 所示）。入射角（α）的正弦与折射角（β）的正弦之比为一常数，该常数叫做折射率，即光线由介质 A 射入介质 B 时的折射率，数学表达式为：

$$n = \frac{\sin\alpha}{\sin\beta}$$

折射率是有机化合物最重要的物理常数之一，其测定过程简便，结果精确。折射率是有机化合物纯度的标志，在鉴定未知化合物时，比沸点更可靠。影响折射率大小的因素有很多，主要有被测物质的结构和入射光的波长，还有温度、压力等。所以，表示物质的折射率时，应注明入

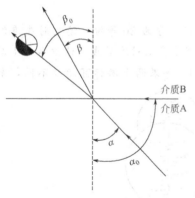

图 23　光的折射现象

射光的波长和测定温度。例如，乙酰乙酸乙酯的折射率 $n_{\mathrm{D}}^{20.5} = 1.4180$，式中，$n$ 表示折射率，20.5 表示测定时的温度，℃，D 表示波长为钠光（589.3 nm）。

为了测定临界角，阿贝折光仪采用了"半明半暗"的方法，就是让单色光由 0～90° 的所有角度从介质 A 射入介质 B，这时介质 B 中临界角以内的整个区域均有光线通过，因而是明亮的，而临界角以外的全部区域没有光线通过，因而是暗的，明暗两区的界线十分清楚，如果在介质 B 上用一目镜观察，就可以看见一个界线十分清晰的明暗的图像。此时，在另一个目镜中就可以直接读出该物质的折射率（仪器本身已将临界角换算成了折射率）。图 24 是实验室常用的 WZS-1 型阿贝折光仪的外形图。

【仪器、药品】

WZS-1 型阿贝折光仪；

95% 乙醇，丁香油，乙酸乙酯，蒸馏水。

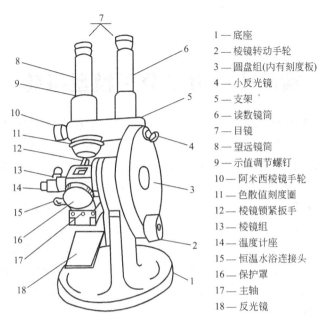

1—底座
2—棱镜转动手轮
3—圆盘组(内有刻度板)
4—小反光镜
5—支架
6—读数镜筒
7—目镜
8—望远镜筒
9—示值调节螺钉
10—阿米西棱镜手轮
11—色散值刻度圈
12—棱镜锁紧扳手
13—棱镜组
14—温度计座
15—恒温水浴连接头
16—保护罩
17—主轴
18—反光镜

图 24　WZS-1 型阿贝折光仪的外形图

【实验步骤】

1. 将折光仪和恒温水浴相连[1]，选择量程合适的温度计并将其安装在温度计座（14）上，调节至所需温度（通常为 20℃或 25℃），恒温。

2. 恒温后，旋松棱镜锁紧扳手（12），打开直角棱镜组（13）（两块直角棱镜，上面一块是光滑的，下面一块是磨砂的。待测液体夹在两棱镜之间形成一均匀的液膜），用擦镜纸蘸少量 95％乙醇擦洗上下棱镜表面，风干后将 2～3 滴丁香油均匀地滴于下面的磨砂棱镜面上[2]，旋紧棱镜锁紧扳手，转动反光镜（18）使光线射入[3]。

3. 转动棱镜转动手轮（2），在望远镜筒（8）内找到明暗分界线或彩色光带，再转动右侧阿米西棱镜手轮（10），消除色散便能看到清晰的明暗分界线。

4. 转动棱镜转动手轮（2），使望远镜筒（8）内的明暗分界线对准交叉线的中心，打开读数用的小反光镜（4），在读数镜筒（6）内读出折射率[4]。重复操作两次，取平均值。

5. 按步骤 2 擦洗上下棱镜，用同样的方法测定蒸馏水及乙酸乙酯的折射率。

6. 实验完毕，用乙醇将上下棱镜擦洗干净，卸下温度计，脱离恒温水浴，将仪器表面擦干，晾干后装箱。

【附注】

[1] 新仪器和长时间放置不用的仪器，使用前要进行校正。校正方法是：恒温后把仪器的棱镜用丙酮洗净，用蒸馏水或已知折射率的标准折光玻璃块进行校正。

[2] 如折光仪不与恒温水浴进行恒温，要进行温度校正。温度增加 1℃，液体有机化合物的折射率减少约 4×10^{-4}。

[3] 被测液体放得少，会成膜分布不均，明暗分界线看不清楚。对于易挥发的液体，测定速度要快。

[4] 阿贝折光仪有消色散的装置，故可直接使用日光，测定结果与使用钠光灯结果一样。

【思考题】

1. 简述折射率的测定原理。

2. 使用折光仪应注意哪些事项？每次测定前后为什么要擦洗棱镜面？

实验十　有机分子模型组装

　　有机立体化学创立于 19 世纪初期，是有机结构理论发展中的里程碑。人们对有机立体化学的认识，是从有机化合物旋光异构现象开始的。所谓旋光性，就是物质能使偏振光的偏振面发生旋转的特性。1813 年，J. B. 比奥最早观察到了有机化合物的旋光现象。1848 年，L. 巴士德研究了酒石酸钠的旋光性，并进一步提出手性的概念，开辟了立体化学的新天地。1874 年，J. H. 范托夫和 J. A. 勒贝尔分别提出了关于碳原子的四面体学说，奠定了立体化学的基础。在立体化学的发展道路上，许多科学家做出了卓越的贡献。如 E. 费歇尔研究了糖类化合物的构型；O. 哈塞尔和 D. H. R. 巴顿提出了分子构象和构象分析的理论；C. K. 英戈尔德研究了亲核取代反应中的立体化学。1965 年，R. B. 伍德沃德和 R. 霍夫曼联手提出了关于周环反应方向的伍德沃德-霍夫曼规则，两人的工作是近代有机立体化学中的重大成就之一，使立体化学得到了新的进展。

　　自然界中存在着无数的手性分子。组成生物体的基本物质氨基酸和糖类几乎都具有手性，生物体内的底物和受体的高度立体选择性都和它们的手性有关。在日常生活中，大量的药物、农药和香料所发挥的特殊作用也都和其手性密切相关。例如，在医药领域，有一事件曾在欧洲引起一场轩然大波，即在 1956 年许多孕妇服用的镇静剂 Thalidomide 使胎儿致畸，后来发现致畸物是其旋光异构体的一种 S-型异构体。据统计，523 种天然半合成药物中，80% 是手性化合物。手性化合物的一对旋光异构体，其中一个有生物活性，另一个却没有生物活性或很弱，甚至有毒性，不宜用作药物。因此，1990 年美国食品药品管理局作出一个政策性规定：凡研制具有不对称中心的药物，必须对其各个旋光异构体进行测定和评价。手性的重要性不仅表现在与生物相关的领域，而且在功能材料领域也很突出，在液晶、非线性光学材料、导电高分子等方面开始显示出诱人的前景。随着人们对手性分子的认识不断深入，人们对单一手性物质的需求量也越来越大，对其纯度的要求也越来越高。广阔的应用前景和巨大的市场潜力推动了对新的更有效的获得单一手性化合物方法的研究。不对称合成已成为有机合成中最活跃的领域。

　　在有机化学中，立体异构是比较难掌握的内容之一，尤其对初学者更是如此。因为立体异构的知识中有很多新的概念，这些新的概念需要经过学生反复琢磨、比较、总结、归纳，并经过一定量的习题练习才能理解、掌握。另一方面，立体异构是研究分子的空间结构，要求学员具有较好的空间想象能力。但对于结构较复杂的分子，特别是对初学者来讲，对空间结构的想象是比较困难。因此，编者编写了"有机分子模型组装"这一实验内容，让学员亲手组装分子模型，观察分子中的原子在空间的排列形象，了解各异构体之间的联系和差别，帮助学员学好立体化学的知识。

【实验目的】

　　1. 通过组装分子模型，加深对有机物分子立体结构的认识。

　　2. 理解有机化合物异构现象产生的原因。

　　3. 学会用立体概念理解平面图形及某些有机分子的特有现象和性质。

【实验原理】

　　有机化合物结构复杂，种类繁多，数量巨大。其重要原因是有机化合物一般都存在同分异构体。

分子式相同，因分子中原子的连接顺序或连接方式不同而产生异构体的现象叫做构造异构。分子的构造相同，因分子中的原子或基团在空间的排列位置不同而产生的异构叫做立体异构。立体异构分为构型异构和构象异构。构型异构又分为顺反异构和旋光异构。立体异构的概念在生物学、医学和药学上有重要意义。例如，组成蛋白质的氨基酸都是 L 型的，自然界存在的葡萄糖都是 D 型的，氯霉素有四种旋光异构体，只有一种左旋体有抗菌、消炎活性，其他三种基本没有生物活性等。

碳元素是组成有机化合物的主要元素，在有机化合物的结构中一般都是四价的。杂化轨道理论认为，碳原子有三种杂化类型：sp^3 杂化、sp^2 杂化和 sp 杂化。饱和碳原子发生 sp^3 杂化，当它连接四个不同的原子或基团时，这种碳原子称为手性碳原子。手性碳原子是产生旋光异构的最常见因素。含手性轴的化合物，如丙二烯型化合物、联苯型化合物，有时也存在旋光异构。

【仪器、药品】

球棒有机分子模型一盒。

【实验步骤】

1. 烷、烯、炔的构造

(1) 甲烷、乙烷、乙烯和乙炔　用球和棒组装成甲烷、乙烷、乙烯和乙炔的分子模型（一般黑球代表碳原子，较小的球代表氢原子）。观察比较 sp^3、sp^2、sp 杂化轨道间的夹角的大小和各原子间的相互位置关系。还应特别注意 sp^2 杂化轨道的取向、双键原子及其所连的原子的共平面性（双键碳原子之间不能相对自由旋转造成）。

(2) 丁烯　用分子模型组装丁烯的各种异构体模型（先考虑位置异构有几种），了解位置异构的概念。

2. 构象异构

(1) 乙烷的构象　组装乙烷的分子模型，旋转 C—C 单键可产生各种构象。找出重叠式和交叉式构象，观察两个碳原子上各个氢原子相对位置关系。画出重叠式和交叉式构象的锯架式和纽曼投影式。

(2) 丁烷的构象　用两个彩球代表两个甲基，组装丁烷的分子模型。旋转 C_2—C_3 单键可产生丁烷的各种构象。找出对位交叉式、部分重叠式、邻位交叉式和完全重叠式的构象，并按稳定性由大到小的顺序分别画出它们的纽曼投影式。

(3) 环己烷的构象　用六个碳原子按 sp^3 杂化方式组装成环己烷的骨架（氢原子暂不连上）。

a. 把环己烷的骨架扭成船式构象，观察船头碳原子 C_1 和船尾碳原子 C_4 的距离，然后再扭成椅式构象，观察 C_1 和 C_4 的距离。

b. 给环中每一个碳原子连接上两个氢原子，观察 C_1 和 C_4 上的氢原子分别在船式构象和椅式构象中的距离。然后沿 C_2—C_3 和 C_6—C_5 键的方向观察两种构象中 C_2、C_3 上和 C_5、C_6 上的 C—H 键的位置关系，画出它们的透视式。指出哪种构象稳定，并分析原因。

　　c. 逐一找出椅式构象中的六个 a 键（与分子的对称轴平行）和六个 e 键（与对称轴形成大于 90° 的角度）。观察 a、e 键周围的环境：C_1 上的 e 键受到 $2a$、$2e$、$6a$、$6e$ 四个 C—H 键的排斥作用，C_1 上的 a 键除受到那四个键的排斥作用外，还受到 $3a$、$5a$ 两个 C—H 键的作用。

　　d. 把椅式构象中的六个 a 键上的 H 原子都换成一种彩色球（或拿掉 H 原子），然后扭成另一种椅式构象。注意原来的 a 键是否变成 e 键，原来的 e 键是否变成 a 键。画出椅式构象的透视式，标明所有 a、e 键。

　　(4) 甲基环己烷的构象　将上述环己烷上的任意一个 a 键上氢原子换成甲基（用一彩球代表），然后把模型扭成另一种椅式构象。此时甲基在 a 键上还是在 e 键上？画出上述两种椅式构象的透视式，比较两种构象哪种稳定，为什么？

　　3. 顺反异构

　　(1) 2-丁烯　组装 2-丁烯的两种顺反构型的分子模型，注意二者能否重合。分别画出两者的平面式，并注明顺/反及 Z/E 构型。

　　(2) 2-丁烯酸　组装 2-丁烯酸的两种顺反构型的分子模型，注意二者能否重合。分别画出两者的平面式，并注明顺/反及 Z/E 构型。

　　(3) 1,4-环己烷二甲酸　组装 1,4-环己烷二甲酸的顺反构型的分子模型（先思考顺式有几种，反式有几种）。分别画出各种异构体的透视式，并注明顺/反及 Z/E 构型，然后排列稳定次序。

　　(4) 十氢萘　十氢萘由两个稳定的环己烷椅式构象稠合而成，按稠合处两个氢原子的空间位置不同而产生两种异构体：顺式十氢萘、反式十氢萘。在十氢萘中，可以把一个环看作另一个环上的两个取代基。如下图，在顺式十氢萘中一个取代基在 e 键上，另一个取代基在 a 键上，称 ea 稠合；而反式十氢萘中，两个取代基都在 e 键，称 ee 稠合。

順式(ea稠合)　　　　　　　反式(ee稠合)

　　组装顺式十氢萘和反式十氢萘的骨架，再连接所有的氢原子。观察两个环己烷的稠合方式，指出桥头碳上的两个氢原子位于环的同侧还是异侧，位于 e 键还是 a 键，比较两种异构体哪种稳定。

　　4. 旋光异构（对映异构或光学异构）

　　(1) 甘油醛　组装两种不同构型的甘油醛分子模型，观察能否将两者重合。写出各自的费歇尔投影式，并用 D、L 和 R、S 命名法命名。

　　(2) 2-羟基-3-氯丁二酸　用棒连接两个碳原子 C_A、C_B，在 C_A 上连接氢原子、羟基（用红球代表）和羧基（用黄球代表），在 C_B 上连接氢原子、氯原子（用氯球代表）和羧基（用黄球代表），组装成 2-羟基-3-氯丁二酸一种旋光异构体的分子模型（Ⅰ）。画出其费歇尔投影式，注明 C_A、C_B 的 R、S 构型。

　　交换模型（Ⅰ）C_A 上的任意两个原子或基团，得到 2-羟基-3-氯丁二酸的第二个旋光异构体的模型（Ⅱ），画出其费歇尔投影式，注明 C_A、C_B 的 R、S 构型。

交换模型（Ⅰ）C_B 上的任意两个原子或基团，得到 2-羟基-3-氯丁二酸的第三个旋光异构体的模型（Ⅲ），画出其费歇尔投影式，注明 C_A、C_B 的 R、S 构型。

交换模型（Ⅱ）C_B 上的任意两个原子或基团，得到 2-羟基-3-氯丁二酸的第四个旋光异构体的模型（Ⅳ），画出其费歇尔投影式，注明 C_A、C_B 的 R、S 构型。

观察、比较四种不同构型的分子模型能否重合，判断（Ⅰ）、（Ⅱ）、（Ⅲ）和（Ⅳ）彼此之间是什么关系。

（3）2,3-二羟基丁二酸（酒石酸）　组装模型的方法类似步骤 4（2），分别画出各旋光异构体的费歇尔投影式，并注明 R、S 构型。根据模型判断彼此能否重合，相互关系如何。异构体的数目符合 2^n 吗？为什么？

（4）葡萄糖的开链结构及 α,β-葡萄糖的稳定构象　葡萄糖的结构有链状式和环状式。环状结构是由 C_5 上的羟基与醛基发生半缩醛反应，形成五个碳原子一个氧原子的六元环状半缩醛结构。原来的醛基碳原子变成了手性碳原子，因此葡萄糖的环状结构有 α,β 两种构型。

	（立式环状）	开链结构	（立式环状）
	α-葡萄糖		β-葡萄糖

葡萄糖的立式环状结构离葡萄糖的实际结构相差比较远，人们多用哈沃斯式表示葡萄糖的环状结构。哈沃斯式是把六元环假设成一个平面。葡萄糖环状结构的骨架与环己烷的骨架相似，只是环己烷中的一个碳原子换成了氧原子。因此，葡萄糖的稳定构象也是椅式构象。构象式更接近葡萄糖的实际结构。葡萄糖的哈沃斯式和构象式如下所示。

	（哈沃斯式）		（哈沃斯式）

	（构象式）		（构象式）
	α-D-吡喃葡萄糖		β-D-吡喃葡萄糖

用分子模型进行下列组装。

a. 链状结构　用棒把六个黑球（代表碳原子）连成一条链，C_1 按 sp^2 杂化连上一个黄球（代表羰基氧原子），连上一个小球（代表氢原子），然后将碳链竖立，羰基在上，从上到下，按横前竖后的规则依次确定每一个碳原子的构型，即让碳原子上的横键向前，竖键向后，在 C_2、C_4、C_5 的右前侧和 C_3 的左前侧以及 C_6 上连上红球（代表羟基），其余价键连氢原子（小球），组成葡萄糖的开链结构。

b. α 葡萄糖和 β-葡萄糖的构象　将上述葡萄糖的开链结构中 C_1 换成 sp^3 杂化碳原子，然后将其与 C_5 上的羟基 O（也用 sp^3 杂化的）连接起来，形成类似环己烷的椅式构象。

整理该构象式，使氧原子在右后方，并使氧原子、C_2、C_3、C_5 处于同一平面，C_4 处在该平面的上面，C_1 处在该平面的下面（如上式中右下角的结构式形象）。观察各羟基和羟甲基是在 a 键还是在 e 键上，当它们在 e 键上时，则为 β-D-葡萄糖的优势构象。

将 C_1 上的羟基与氢原子对换位置，则得到 α-D-葡萄糖构象。试比较 α-D-葡萄糖和 β-D-葡萄糖哪一种构象稳定。

【思考题】

1. 通过以上模型组装，你解决了立体异构的什么问题？还存在哪些问题？

2. 为什么利用酒石酸分子模型判断它是否是手性分子可以找它的对称中心或对称面，而利用其费歇尔投影式判断只能找它的对称面？

3. 分别用锯架式、纽曼投影式来表示出乙二醇所有的极限构象，并排列出稳定次序。

实验十一　茶叶中咖啡碱的分离和提纯

　　茶叶是一种被人非常推崇的饮料，有很好的保健作用，在国外也有广泛的市场。咖啡碱是茶叶中的重要成分，具有刺激心脏、兴奋大脑神经和利尿作用，可作为中枢神经兴奋剂。从化学角度，咖啡碱是一种含嘌呤环的生物碱，其化学名称是 1,3,7-三甲基-2,6-二氧嘌呤，有如下结构式：

嘌呤　　　　　　　　　咖啡碱

　　生物碱是指存在于生物体内的一类含氮的碱性有机化合物，至今分离出的生物碱已有数千种，它们大多具有显著的生理作用，是一类较重要的中草药化学成分。例如在医疗实践中用来治疗痢疾的黄连素，解除胃痉挛而能止痛的阿托品以及治疗高血压病的利血平，治疗哮喘的麻黄碱，治疗癫痫的胡椒碱以及具有抗癌活性的秋水仙碱等都属于生物碱类。生物碱不仅存在于植物性的中草药中，动物来源的中草药中也含有生物碱，如肾上腺素和蟾酥中的增压成分（蟾酥碱）也属于生物碱的范畴。对生物碱结构和性质的研究为寻找优良的药物开辟了新的途径。因此，它是目前世界许多国家关注的研究课题。

　　研究生物碱的前提是要采取可行、有效的办法将其从动植物体内分离提取出来。

【实验目的】

　　学习分离和提纯生物碱的原理和方法。

【实验原理】

　　咖啡碱为嘌呤族生物碱[1]，是有弱碱性、无臭、味苦的白色结晶，可溶于热水，易溶于有机溶剂 $CHCl_3$、CH_2Cl_2、$CH_3COOC_2H_5$ 等，可与酸作用生成盐。生物碱的强酸盐，一般易溶于水，难溶于有机溶剂。

　　利用咖啡碱易溶于热水的性质，可顺利地将其自茶叶中提出。茶叶中尚有大量鞣质亦溶于热水，随咖啡碱一起提出。可利用鞣质与醋酸铅生成沉淀的性质将其除去。然后再利用咖啡碱溶于 CH_2Cl_2[2]的性质将其与其他水溶性杂质分离。

　　咖啡碱的具体分离、提取步骤如下：

茶叶 ——加水煮沸、过滤—→ 滤液 ——加醋酸铅溶液、抽滤—→ 母液 ——加热浓缩、萃取—→

二氯甲烷层（下层）——蒸馏—→ 咖啡碱粗产品

【仪器、药品】

　　烧杯，蒸发皿，长颈漏斗，分液漏斗，坩埚，布氏漏斗，抽滤瓶，蒸馏烧瓶，冷凝器，水浴锅，石棉网，试管，电炉；

　　茶叶，10%醋酸铅，CH_2Cl_2，饱和食盐水，氯酸钾，浓盐酸，浓氨水，碘化铋钾试剂，

5%硫酸，棉花，滤纸。

【实验步骤】

1. 咖啡碱的分离、提取

(1) 取 200mL 烧杯一只，加入茶叶 3g 及热水 100mL，加热煮沸约 15min（若水分蒸发太多，可加一表面皿或酌量补加水分至原有体积）。用棉花过滤除去茶渣。在搅动下向热的滤液中逐滴加入 10%醋酸铅溶液，至不再有沉淀产生（大约需 10mL）。

(2) 将上述混悬液加热 5min 后抽滤。母液移入蒸发皿，加热浓缩，至 30mL 左右，放冷。如果此时又有沉淀析出，可再次抽滤，除去沉淀。

(3) 将上述浓缩液移入分液漏斗，加入 CH_2Cl_2 15mL 及饱和食盐水 10mL，充分振摇（注意：CH_2Cl_2 易挥发，为防止倒喷，振摇时将活塞打开，以使过量蒸气及时逸出）。静置分层，将下层 CH_2Cl_2 溶液分出，注入小蒸馏瓶中，蒸馏回收 CH_2Cl_2，约 10mL，停止蒸馏。将小蒸馏瓶中残留的 CH_2Cl_2 提取液倾入小烧杯中，在水浴上蒸去剩余的 CH_2Cl_2，即得咖啡碱粗品。

2. 咖啡碱的鉴定

(1) 在小坩埚内加入数粒咖啡碱粗品的结晶，再加入氯酸钾结晶（绿豆大小）及浓盐酸 2~3 滴。然后在石棉网上加热至液体完全蒸发，放冷。加入浓氨水 1 滴，溶液呈紫色，此即紫脲酸铵反应。此反应阳性表明生物碱的存在。

(2) 在剩下的咖啡碱结晶中加 2mL 5%硫酸溶液，搅拌使其溶解，取约 1mL 咖啡碱硫酸溶液于试管中，加碘化铋钾试剂 2 滴，如生成红棕色沉淀，表明生物碱存在。

【附注】

[1] 茶叶中的生物碱也可看作是黄嘌呤衍生物，主要有三种，其结构式如下：

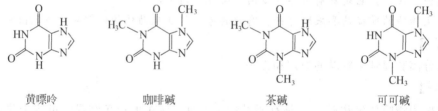

黄嘌呤　　　　咖啡碱　　　　茶碱　　　　可可碱

此类生物碱都可发生紫脲酸铵反应：样品加盐酸和氯酸钾，在水浴上共热蒸干，所得残渣遇氨气（或浓氨水）即显紫色。

[2] 最好不用氯仿。因为氯仿易挥发，当空气中含量达 1/40000 时即能引起中毒。

【思考题】

1. 概要写出从茶叶中分离咖啡碱的流程图。

2. 写出咖啡因水杨酸的结构式，指出哪一个氮原子碱性最强。

3. 如何鉴定咖啡碱的存在？

实验十二　正溴丁烷的制备

【目的要求】

1. 学习以溴化钠、浓盐酸和正丁醇为原料制备正溴丁烷的方法。
2. 掌握带有吸收有害气体装置的回流（装置见图 25）等操作方法。
3. 掌握普通蒸馏的操作方法。

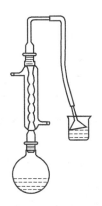

图 25　带有有害气体吸收的回流装置图

【实验原理】

卤代烷制备中的一个重要方法是通过醇和氢卤酸发生亲核取代反应（nucleophilic sub-stitution reaction）来制备。反应一般在酸性介质中进行。实验室制备正溴丁烷是用正丁醇与氢溴酸反应制备，由于氢溴酸是一种极易挥发的无机酸，因此在制备时采用溴化钠与硫酸作用产生氢溴酸直接参与反应。在该反应过程中，常常伴随消除反应和重排反应的发生。

主反应：

$$NaBr + H_2SO_4 \longrightarrow HBr + NaHSO_4$$

$$n\text{-}C_4H_9OH + HBr \xrightarrow{H_2SO_4} n\text{-}C_4H_9Br + H_2O$$

可能的副反应：

$$CH_3CH_2CH_2CH_2OH \xrightarrow{H_2SO_4} CH_3CH_2CH=CH_2 + H_2O$$

$$2\,CH_3CH_2CH_2CH_2OH \xrightarrow{H_2SO_4} (CH_3CH_2CH_2CH_2)_2O + H_2O$$

$$2\,HBr + H_2SO_4 \xrightarrow{\Delta} Br_2 + SO_2 + 2H_2O$$

【仪器、药品】

100mL 圆底烧瓶，球形冷凝管，100mL 分液漏斗，长颈玻璃漏斗，锥形瓶，烧杯；

正丁醇，无水溴化钠，浓硫酸，饱和碳酸氢钠溶液，5% NaOH 溶液，无水氯化钙。

【实验步骤】

在 100mL 圆底烧瓶中，加入 10mL 水，边振摇边滴入 12mL 浓硫酸，混合均匀并冷却至室温，加入 7.5mL 正丁醇（0.08 mol）和 10g 研细的溴化钠，充分振摇后，加沸石 1～2

粒，装好回流冷凝管及气体吸收装置[1]，用5％氢氧化钠水溶液作吸收液。加热回流40min，在此期间应不断地摇动反应装置，以使反应物充分接触。待反应液冷却后改为蒸馏装置，蒸出正溴丁烷粗品[2]，剩余液体趁热倒入烧杯中，待冷却后，再倒入装有饱和亚硫酸氢钠的废液桶中。

粗品倒入分液漏斗中[3]，加10mL水洗涤分出水层（产物在上层还是下层?），将有机相倒入另一干燥的分液漏斗中，用约5mL浓硫酸洗涤[4]，分出酸层（在哪一层?）。有机相分别用10mL水、10mL饱和碳酸氢钠溶液和10mL水洗涤后[5]，转入干燥的锥形瓶中，用1～2g无水氯化钙干燥，直到液体清亮为止。用塞有棉花的小漏斗滤掉干燥剂后，蒸馏收集99～103℃时的馏分。纯正溴丁烷为无色透明液体，b.p.为101.6℃。

【附注】

［1］投料时应严格按教材上的顺序；投料后，一定要混合均匀。

［2］正溴丁烷粗品是否蒸完，可用以下三种方法进行判断：①馏出液是否由浑浊变为清亮；②蒸馏瓶中液体上层的油层是否消失；③取一表面皿收集几滴馏出液，加入少量水摇动，观察是否有油珠存在，无油珠时说明正溴丁烷已蒸完。

［3］分液时，注意根据液体的密度正确判断产物的上下层关系。如果一时难以判断，应将两相全部留下来。

［4］正丁醇与溴丁烷可以形成共沸物（沸点98.6℃，含质量分数为13％的正丁醇），蒸馏时很难除去，因此在用浓硫酸洗涤时，应充分振荡。

［5］若水洗后产物尚呈红色，说明含有溴，可加入适量饱和亚硫酸氢钠溶液进行洗涤，将溴全部去除。

【思考题】

1.本实验中硫酸的作用是什么?其用量和浓度过大或过小有什么不好?

2.反应后粗产物中含有哪些杂质?各洗涤步骤洗涤的目的是什么?

3.加原料时如不按操作顺序加入会出现什么后果?

实验十三　呋喃甲酸与呋喃甲醇的制备

【目的要求】

1. 学习呋喃甲醛在浓碱条件下进行 Cannizzaro 反应制得相应醇和酸的原理和方法。
2. 复习分液漏斗的使用及重结晶、抽滤等操作。

【实验原理】

不含 α-活泼氢的醛类在浓的强碱作用下，可以发生分子间自身氧化还原反应，一分子醛被氧化成酸，而另一分子醛则被还原为醇，此反应称为 Cannizzaro 反应。该反应实质是羰基的亲核加成。反应历程涉及了羟基负离子对一分子不含 α-H 的醛的亲核加成，加成物的负氢向另一分子醛的转移和酸碱交换反应。

在 Cannizzaro 反应中，通常使用 50% 的浓碱，其中碱的物质的量比醛的物质的量多一倍以上，否则反应不完全，未反应的醛与生成的醇混在一起，通过一般蒸馏很难分离。

在碱催化下，反应结束后产物为呋喃甲醇和呋喃甲酸钠盐。不难发现，呋喃甲酸钠盐更易溶于水，而呋喃甲醇则更易溶于有机溶剂，因此利用萃取的方法可以方便地分离二组分。有机层通过蒸馏可得到呋喃甲醇产品，而水层通过盐酸酸化即可得到呋喃甲酸产品。

【仪器与试剂】

烧杯，分液漏斗，空气冷凝管，电热套，圆底烧瓶，长颈漏斗；

呋喃甲醛，氢氧化钠，二氯甲烷，浓盐酸，无水硫酸钠。

【实验步骤】

1. 在 100mL 烧杯中加入 1.6g 氢氧化钠并用 2.4mL 水溶解，冰水冷却至 5℃ 左右；在手动搅拌下滴加呋喃甲醛 3.28mL（3.8g，0.04 mol）[1]，约需 10min。滴加过程必须保持反应混合物温度在 8～12℃ 之间，加完后，保持此温度继续搅拌 30min[2]，得到黄色浆状物。

2. 在搅拌下向反应混合物加入适量水（约 5mL）使固体恰好完全溶解得暗红色溶液，将溶液转入分液漏斗中，每次用 3mL 二氯甲烷萃取 4 次，合并二氯甲烷萃取液，用无水硫酸钠干燥，用塞有棉花的小漏斗滤掉干燥剂，滤液置于一干燥的锥形瓶中，先在水浴中蒸去二氯甲烷，然后在电热套上加热蒸馏[3]，收集 169～172℃ 馏分，产量 1.2～1.4g，纯的呋喃甲醇为无色透明液体，沸点 171℃。

3. 在二氯甲烷提取后的水溶液中慢慢滴加浓盐酸，搅拌，滴至刚果红试纸变蓝（约 1mL），此时溶液 pH 约为 3[4]，冷却，结晶，抽滤，产物用少量冷水洗涤，抽干后，收集粗产物，然后可用水重结晶[5]，得白色针状呋喃甲酸，产量约 1.5g，熔点 130～132℃。

【附注】

[1] 呋喃甲醛久置后成黑色液体，为保证反应顺利进行，可将呋喃甲醛在临用前蒸馏提

纯，收集 160～162℃馏分。新蒸馏的呋喃甲醛为无色或浅黄色液体。

［2］反应温度若高于12℃，则反应难以控制，致使反应物变成深红色；若温度过低，则反应过慢，可能积累一些氢氧化钠。一旦发生反应，则过于猛烈，增加副反应，影响产量及纯度。由于氧化还原是在两相间进行的，因此必须充分搅拌。

［3］蒸馏呋喃甲醇用电热套加热，使用空气冷凝管。在加热蒸馏时，应确保所有接头紧密且无张力。蒸馏时接引管的出口应远离火源，用橡皮管引入下水道。

［4］酸要加够，以保证 pH＝3 左右，使呋喃甲酸充分游离出来，这是影响呋喃甲酸收率的关键。

［5］呋喃甲酸重结晶时，不能长时间加热回流，否则部分呋喃甲酸被分解，出现焦油状物。

【思考题】

1. 二氯甲烷萃取后的水溶液用盐酸酸化，为什么要用刚果红试纸？如不用刚果红试纸，怎样知道酸化是否恰当？

2. 本实验根据什么原理来分离呋喃甲酸和呋喃甲醇？

实验十四　环己烯的制备

【实验目的】

1. 掌握环己醇脱水制取环己烯的实验原理和方法。
2. 练习并掌握分馏的基本操作。

【实验原理】

烯烃是重要的有机化工原料，广泛用于医药、食品、农用化学品、饲料、聚酯和其他精细化工产品的生产。也可用于催化剂溶剂、石油萃取剂及高辛烷值汽油的稳定剂。

目前，工业上制备烯烃的主要方法是石油裂解，有时也利用醇在氧化铝（或硫酸、无水氯化锌、磷酸等）催化剂存在下，进行高温（350～500℃）催化脱水来制取。

实验室中，烯烃主要通过醇脱水或卤代烃的脱卤化氢制备，脱水剂可以用硫酸、磷酸等。醇脱水得到的烯烃，遵守扎依采夫（Saytezeff）规则。相对而言，脱水速度为：叔醇＞仲醇＞伯醇。

$$CH_3CH_2OH \xrightarrow[350\sim360℃]{Al_2O_3} CH_2{=\!=}CH_2 + H_2O$$

由于高浓度的硫酸会导致烯烃发生聚合反应、分子间的脱水反应以及碳架的重排而生成烯烃聚合物和醚等副产物。本反应不用浓硫酸作催化剂，而采用 85％ 的磷酸为催化剂，是因为磷酸的氧化能力较硫酸弱得多，减少了副反应的发生。

在反应体系内，环己烯与水可形成二元共沸物（沸点 70.8℃，含水 10％），环己醇也能与水形成二元共沸物（沸点 97.8℃，含水 80％）。为使产物以共沸物的形式蒸出反应体系时不夹带原料环己醇，如图 26 所示，本实验采用分馏装置，并控制柱顶温度不超过 90℃。

【仪器、药品】

50mL 圆底烧瓶，分馏柱，蒸馏头，冷凝管，尾接管，温度计，分液漏斗，锥形瓶，烧杯；

环己醇，85％ 的磷酸，食盐，无水氯化钙，5％碳酸氢钠。

【实验步骤】

在 50mL 干燥的圆底烧瓶中加入 15g （0.15mol）环己醇、3mL 浓磷酸和几粒沸石，充分振摇使之混合均匀[1]。按图 26 装置仪器，

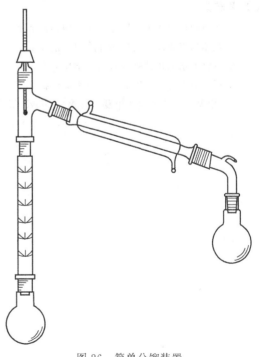

图 26　简单分馏装置

并将接收瓶浸在冰水中冷却。

将烧瓶放入电热套内缓缓加热至沸，控制分馏柱顶部的馏出温度不超过 90℃[2]，馏出液为带水的混浊液。当无液体蒸出时，可适当提高温度。当烧瓶中只剩下很少量残液并出现阵阵白雾时，即可停止加热。全部蒸馏时间约需 1h。

将蒸馏液分去水层，加入等体积的饱和食盐水，然后加入 3～4mL 5％的碳酸钠溶液，中和微量的酸。将液体转入分液漏斗中，振摇后静置分层，分出有机相（哪一层？如何取出？），将有机层转移至干燥的小锥形瓶中，用 1～2g 无水氯化钙干燥[3]。待溶液清亮透明后，倾入干燥的蒸馏瓶中，加入几粒沸石后再蒸馏[4]，收集 80～85℃的馏分于一已称重的小锥形瓶中。若蒸出产物浑浊，必须重新干燥后再蒸馏。产量 7～8g。

纯净环己烯的沸点为 82.98℃，折射率 n_D^{20} 为 1.4465。

【附注】

[1] 环己醇在常温下是黏稠液体（m.p.24℃），若用量筒量取时，应注意转移中的损失。所以，取样时，最好先取环己醇，后取磷酸；环己醇与磷酸应充分混合，否则在加热过程中会局部炭化。

[2] 反应体系中环己烯与水形成共沸物（沸点 70.8℃，含水 10％）；环己醇与环己烯形成共沸物（沸点 64.9℃，含环己醇 30.5％）；环己醇与水形成共沸物（沸点 97.8℃，含水 80％）。因此，在加热时温度不可过高，蒸馏速度不宜太快，以减少未作用的环己醇蒸出。

[3] 水层应尽可能分离完全，否则将增加无水氯化钙的用量，使产物更多地被干燥剂吸附而导致损失。这里用无水氯化钙干燥较适宜，因为它还可除去少量环己醇（生成醇与氯化钙的配合物）。

[4] 产品是否清亮透明，是衡量产品是否合格的外观标准。因此在蒸馏已干燥的产物时，所用蒸馏仪器都应充分干燥。

【思考题】

1. 在粗制环己烯中，用等体积的饱和食盐水洗涤，而不用水洗涤，目的何在？
2. 在蒸馏终止前，出现的阵阵白雾是什么？
3. 写出无水氯化钙吸水后的化学反应方程式，为什么蒸馏前一定要将它过滤掉？
4. 写出下列醇与浓硫酸进行脱水的产物。
①3-甲基-1-丁醇；②3-甲基-2-丁醇；③3,3-二甲基-2-丁醇。

实验十五　环己酮的制备

【实验目的】

1. 掌握铬酸氧化法制备环己酮的原理和方法。
2. 通过仲醇转变为酮的实验，进一步了解醇与酮之间的区别和联系。

【实验原理】

实验室制备脂肪醛或酮和脂环醛或酮，最常用的方法是将相应的伯醇或仲醇用铬酸氧化。铬酸可由铬酸盐和 $40\% \sim 50\%$ 的硫酸混合而得。

$$\text{\Large $\diagup\!\diagdown$}\!\!-\!\text{OH} \xrightarrow[\text{H}_2\text{SO}_4]{\text{Na}_2\text{Cr}_2\text{O}_7} \text{\Large $\diagup\!\diagdown$}\!\!=\!\text{O}$$

【仪器、药品】

圆底烧瓶（100mL），温度计（100℃），直形冷凝管，分液漏斗，锥形瓶，尾接管，量筒，烧杯；

环己醇，重铬酸钠（$Na_2Cr_2O_7 \cdot 2H_2O$），浓硫酸，乙醚，精盐，无水碳酸钾。

【实验步骤】

在 100mL 烧杯中，用 30mL 水溶解重铬酸钠水合物 5.25g（0.0175mol），然后在搅拌下，慢慢加入 4.5mL 浓硫酸，得一橙红色溶液，冷却至30℃以下备用。

在 100mL 圆底烧瓶中，加入 5.3mL（0.1mol）环己醇，然后一次加入上述制备好的铬酸溶液，振摇，充分混合。放入温度计，测量初始反应温度，并观察反应温度变化情况。当温度上升至55℃时，立即用水浴冷却，并保持反应温度在 55～60℃ 之间。约 0.5h 后，反应温度开始出现下降趋势，移去水浴再放置 0.5h 以上。其间要不时振摇，使反应完全，反应液呈墨绿色。

在反应瓶内加入30mL水和几粒沸石，改成蒸馏装置。将环己酮与水一起蒸出来[1]，直至馏出液不再混浊后再多蒸 7～10mL，约收集 25mL 馏出液。馏出液用精盐饱和[2]（约需6g）后，转入分液漏斗，静置后分出有机层。水层用 10mL 乙醚提取一次，合并有机层与萃取液于50mL 小锥形瓶中，用无水碳酸钾 1 小匙干燥，倾入干燥的蒸馏瓶中，加入几粒沸石，在水浴上蒸馏出醚后，再蒸馏（用何种冷凝管?）收集 151～155℃ 馏分于一已称重的小锥形瓶中，称重，产量 3～4g。

纯净环己酮沸点为 155.7℃，折射率 n_D^{20} 为 1.4507。

【附注】

[1] 这里实际上是一种简化了的水蒸气蒸馏，环己酮与水形成恒沸混合物，沸点95℃，含环己酮38.4%。

[2] 环己酮31℃时在水中的溶解度为 2.4g/100g。加入精盐的目的是为了降低环己酮的溶解度，并有利于分层。水的馏出量不宜过多，否则即使使用盐析，仍不可避免有少量环己酮溶于水而损失掉。

【思考题】

1. 本实验为什么要严格控制反应温度在 55～60℃ 之间? 温度过高或过低有什么不好?
2. 醛的铬酸氧化与酮的氧化在操作上有何不同? 为什么?

实验十六　乙酸乙酯的制备

酯是一类广泛分布于自然界的化合物，较简单的酯大多有令人愉快的气味，花和水果的特殊香味多数是由带有酯官能团的化合物产生的。例如，乙酸异戊酯有香蕉香味，丁酸乙酯有菠萝香味，乙酸辛酯有橙柑香味，邻氨基苯甲酸甲酯有葡萄香味，乙酸正丙酯有梨子香味，丁酸甲酯有苹果香味等，故常被用作食品添加剂以点缀甜点或饮料。

酯的香甜水果气味也可以吸引觅食的果蝇和其他昆虫，如乙酸异戊酯与蜜蜂的警戒信息素居然完全相同，当一只工蜂蜇刺一个入侵者时，它就随着蜇刺毒汁一起分泌，这个化合物招引其他蜜蜂成群涌向入侵者，向入侵者发动进攻。虽然酯的果香气味令人愉快，但它们很少用于制造香料或香水，因为酯基不够稳定，与人体汗液接触后会发生水解反应生成有机酸，这些酸不像它们的前体酯，一般具有令人不愉快的气味，故高档花露水使用的是天然香料，主要是萜类、酮类和醚类等。

【目的要求】

1. 了解用有机酸合成酯的一般原理及方法。
2. 掌握蒸馏的操作技术及分液漏斗的使用方法。

【实验原理】

酸和醇反应生成酯和水的反应称为酯化反应，其逆反应为酯的水解，它们形成下列动态平衡：

$$\underset{O}{R-\overset{\|}{C}-OH} + H-OR' \underset{水解}{\overset{酯化}{\rightleftharpoons}} \underset{O}{R-\overset{\|}{C}-OR'} + H_2O$$

在无催化剂的情况下，酯化反应进行得非常缓慢，需要很长时间才能达到平衡。用催化剂和加热的方法可以使反应迅速达到平衡，但是不能改变平衡混合物的比例关系。根据平衡移动原理，可采取增加反应物浓度或减少生成物浓度的方法，提高酯的产率。

本实验用冰醋酸和乙醇为原料，以浓硫酸为催化剂，加热制取乙酸乙酯。为提高乙酸乙酯的产率，采用乙醇过量和不断蒸出乙酸乙酯的方法，并利用浓硫酸的吸水作用使酯化反应顺利进行。乙酸乙酯和水形成的共沸混合物（b.p.70.4℃）比乙醇（b.p.78℃）和乙酸（b.p.118℃）的沸点低，很容易蒸出。

首次蒸出的粗制品常有少量杂质，如未反应的醋酸、乙醇以及乙醚、亚硫酸等，通过精制可除去这些杂质。

【仪器、药品】

圆底烧瓶（100mL），温度计（150℃），直形冷凝管，分液漏斗，锥形瓶，尾接管，量筒，烧杯，漏斗，玻璃棒，沸石；

95％乙醇，冰醋酸，浓硫酸，饱和碳酸钠溶液，饱和氯化钙溶液，饱和食盐水，pH试纸，无水硫酸钠。

【实验步骤】

在干燥的100mL圆底烧瓶中加入10mL冰醋酸及15mL 95％乙醇，边振摇边慢慢加入

2mL 浓硫酸[1]，混合后加几粒沸石，蒸馏，以 100mL 锥形瓶为接收器，温度至 90℃时，检查酯是否完全蒸出（用试管接几滴馏出液，加入几滴水，观察是否分层），如不分层，证明酯已完全蒸出，停止蒸馏。若分层，继续蒸馏，最高可蒸到 110℃[2]。将馏出液（包括乙酸乙酯、水、乙醇、醋酸及少量亚硫酸）注入分液漏斗中，加入 5mL 饱和碳酸钠溶液洗涤，放出水层（用 pH 试纸检验，酯层应呈中性），再依次用 5mL 饱和食盐水[3] 和 5mL 50％氯化钙溶液洗涤。将粗制乙酸乙酯移到一个干燥的锥形瓶内，加 2g 无水硫酸钠干燥。将干燥后的粗乙酸乙酯滤入 60mL 蒸馏瓶中，加入沸石后在水浴上进行蒸馏，收集 73～78℃的馏分，产率在 60％左右。

纯乙酸乙酯为无色而有香味的液体，沸点为 77.06℃，n_D^{20} 为 1.3721。

【附注】

[1] 若浓硫酸的加入速度过快，则混合液的温度迅速上升，小心烫伤。

[2] 温度过高会造成副产物乙醚含量的增加。滴加速度太快会导致醋酸和乙醇来不及作用就随着乙酸乙酯和水一起蒸出，从而影响乙酸乙酯的产率。

[3] 必须洗去碳酸钠，否则当用饱和氯化钙溶液洗去乙醇时，会产生碳酸钙絮状沉淀，造成分离的困难。为减少乙酸乙酯在水中的损失，本实验选用饱和食盐水洗涤。

【思考题】

1. 本实验中浓硫酸起什么作用？

2. 为什么要用过量的乙醇？

3. 蒸出的粗乙酸乙酯中有哪些杂质？

4. 能否用浓氢氧化钠溶液代替饱和碳酸钠溶液洗涤蒸出液？

5. 用饱和氯化钙溶液洗涤，能除去什么？是否可用水代替？

实验十七　乙酸异戊酯的制备

乙酸异戊酯（isoamyl acetate），别名为醋酸异戊酯，因具有令人愉快的香蕉气味，又被称为香蕉水或香蕉油，是一种香精，为无色透明液体，沸点142℃，密度为0.869g/m³，不溶于水，易溶于醇、醚等有机溶剂。乙酸异戊酯具有高挥发性，易燃。吸入过多会导致眩晕或窒息，直接与皮肤接触会产生刺激等不适。

乙酸异戊酯用作溶剂，能溶解涂料、硝化纤维素、松脂、树脂、蓖麻油、氯丁橡胶等。由于乙酸异戊酯有很强烈而又好闻的味道，且毒性低，可用于食品添加剂，配制香蕉、梨、苹果、草莓、葡萄、菠萝等多种香型食品香精，也用于配制香皂、洗涤剂等所用的日化香精及烟用香精，还用于香料和青霉素的提取、织物染色处理等。

市面上俗称"香蕉水"的产品，实际上是含有许多有机物，如酯、醇、酮及芳香族化合物的混合溶剂。由于它的味道很像香蕉的味道且溶液的颜色透明，故称为"香蕉水"，工业上用于调和透明漆及喷漆的溶剂。

【实验目的】

1. 学习乙酸异戊酯的制备原理和方法。
2. 进一步掌握分液漏斗的使用和蒸馏操作技术。

【实验原理】

酯类的制备方法有多种，一般是由羧酸和醇在少量浓硫酸或干燥的氯化氢、有机强酸等催化剂作用下脱水而得。本实验采用冰醋酸和异戊醇在浓硫酸催化下发生酯化反应制取乙酸异戊酯。

$$CH_3COOH+(CH_3)_2CHCH_2CH_2OH \xrightarrow{H^+} CH_3COOCH_2CH_2CH(CH_3)_2+H_2O$$

由于酯化反应是可逆的，为使反应向右进行，本实验让反应物之一的冰醋酸过量，并采用带有分水器的回流装置，使反应中生成的水被及时分出。反应混合物中的硫酸、过量的乙酸及未反应完全的异戊醇，可用水洗涤除去；残余的酸用碳酸氢钠中和除去；副产物醚类可在最后的蒸馏中予以分离。

【仪器、药品】

圆底烧瓶（50mL），温度计（150℃），回流冷凝管，分液漏斗，锥形瓶，尾接管，量筒；

异戊醇，冰醋酸，5%碳酸氢钠水溶液，饱和氯化钠水溶液，无水硫酸镁，浓硫酸。

【实验步骤】

在50mL干燥的圆底烧瓶中加入10.8mL（8.8g，0.1mol）异戊醇和12.8mL（13.5g，0.225mol）冰醋酸，摇动下慢慢加入2.5mL浓硫酸，混匀后[1]加入几粒沸石，装上回流冷凝管，用电热套缓缓加热至沸，回流1h。将反应物冷至室温，小心转入分液漏斗中，用25mL冷水洗涤烧瓶，并将涮洗液合并至分液漏斗中。振摇后静置，分出下层水溶液，有机相用15mL 5%碳酸氢钠溶液洗涤[2]，以除去粗酯中少量的醋酸杂质。静置后分去下层水溶液，再用15mL 5%的碳酸氢钠水溶液洗涤一次，至水溶液对pH试纸呈碱性为止。然后再用 10mL 饱和氯化钠水溶液[3]洗涤一次。分出水层，酯层转入锥形瓶中，用 1～2g 无水硫酸镁干燥。粗产物滤入圆底烧瓶中，蒸馏收集 138～143℃馏分，产量约 9g。

纯粹乙酸异戊酯的沸点为 142.5℃，折射率 n_D^{20} 为 1.4003。

【附注】

　　[1] 假如浓硫酸与有机物混合不均匀，加热时会使有机物炭化，溶液发黑。

　　[2] 用碳酸氢钠溶液洗涤时，有大量的二氧化碳产生，因此开始时不要塞住分液漏斗，摇荡漏斗至无明显的气泡产生后再塞住振摇，洗涤时应注意及时放气。

　　[3] 氯化钠饱和液可以降低酯在水中的溶解度（0.16g/100mL），减少产物的损失；还可以防止乳化，易于分层，便于分离。

【思考题】

　　1. 制备乙酸乙酯时，使用过量的醇，本实验为何要用过量的乙酸？如使用过量的异戊醇有什么不好？

　　2. 画出分离提纯乙酸异戊酯的流程图，各步洗涤的目的何在？

实验十八　甲基橙的合成

甲基橙（methyl orange），又称 4-{[4-(二甲氨基)苯基]偶氮基}苯磺酸钠盐、对二甲氨基偶氮苯磺酸钠，分子式为 $C_{14}H_{15}N_3NaO_3S$，分子量为 327.33。甲基橙为橙黄色粉末或结晶状鳞片，密度为 $0.987g/cm^3$，熔点 300℃，易溶于热水和醇，难溶于醚，在水中的溶解度为 1∶500。

甲基橙是一种有机弱碱，常用作酸碱指示剂和生物染色，其变色范围是 pH＜3.1 的变红，pH＞4.4 的变黄，pH 在 3.1～4.4 之间的呈橙色。其变色反应如下式所示：

$$^-O_3S\!-\!\!\!\diagup\!\!\!\!\diagdown\!\!\!-\!N\!=\!N\!-\!\!\!\diagup\!\!\!\!\diagdown\!\!\!-\!N(CH_3)_2 + H^+ \rightleftharpoons {}^-O_3S\!-\!\!\!\diagup\!\!\!\!\diagdown\!\!\!-\!\overset{H}{N}\!-\!N\!=\!\!\!\diagup\!\!\!\!\diagdown\!\!\!=\!\overset{+}{N}(CH_3)_2$$

碱式（黄色）　　　　　　　　　　　　　　　酸式（红色）

甲基橙是性能优良的偶氮试剂，最早应用于滴定分析，目前在光度分析和电化学分析等科学研究中应用广泛，并随着计算方法、流动注射方法、高效液相色谱法及其他科学方法的应用与研究，甲基橙在分析化学领域中应用将更加广泛。

【实验目的】

通过甲基橙的制备，学习重氮化反应和偶联反应的原理和操作。

【实验原理】

甲基橙的制备涉及重氮化反应和偶联反应，它们是合成偶氮染料的两个基本反应，有重要的工业价值。甲基橙是在弱酸性介质中，由对氨基苯磺酸的重氮盐与 N,N-二甲基苯胺的醋酸盐偶联而得。

$$HO_3S\!-\!\!\!\diagup\!\!\!\!\diagdown\!\!\!-\!NH_2 + NaOH \longrightarrow NaO_3S\!-\!\!\!\diagup\!\!\!\!\diagdown\!\!\!-\!NH_2 + H_2O$$

$$NaO_3S\!-\!\!\!\diagup\!\!\!\!\diagdown\!\!\!-\!NH_2 \xrightarrow[0\sim5℃]{NaNO_2/HCl} \left[HO_3S\!-\!\!\!\diagup\!\!\!\!\diagdown\!\!\!-\!\overset{+}{N}\!\!\equiv\!\!N\right]Cl^-$$

$$\left[HO_3S\!-\!\!\!\diagup\!\!\!\!\diagdown\!\!\!-\!\overset{+}{N}\!\!\equiv\!\!N\right]Cl^- \xrightarrow[HOAc]{C_6H_5N(CH_3)_2} \left[HO_3S\!-\!\!\!\diagup\!\!\!\!\diagdown\!\!\!-\!N\!=\!N\!-\!\!\!\diagup\!\!\!\!\diagdown\!\!\!-\!N(CH_3)_2\right]HOAc$$

$$\left[HO_3S\!-\!\!\!\diagup\!\!\!\!\diagdown\!\!\!-\!N\!=\!N\!-\!\!\!\diagup\!\!\!\!\diagdown\!\!\!-\!N(CH_3)_2\right]HOAc \xrightarrow{NaOH}$$

$$NaO_3S\!-\!\!\!\diagup\!\!\!\!\diagdown\!\!\!-\!N\!=\!N\!-\!\!\!\diagup\!\!\!\!\diagdown\!\!\!-\!N(CH_3)_2 + NaOAc + H_2O$$

【仪器、药品】

温度计（100℃），量筒，烧杯，水浴锅，抽滤瓶，布氏漏斗，滤纸，玻璃棒，台秤，真空泵；

对氨基苯磺酸晶体，亚硝酸钠，N,N-二甲基苯胺，盐酸，氢氧化钠，乙醇，乙醚，冰醋酸，淀粉-碘化钾试纸。

【实验步骤】

1. 重氮盐的制备

在烧杯中放置 10mL 5％氢氧化钠溶液及 2.1g（0.01mol）对氨基苯磺酸[1]晶体，温热使其溶解。另溶 0.8g 亚硝酸钠于 6mL 水中，加入上述烧杯内，用冰浴冷至 0～5℃。在不断搅拌下，将 3mL 浓盐酸与 10mL 水配成的溶液缓缓滴加到上述混合溶液中，并控制温度在 5℃以下。滴加完后用淀粉-碘化钾试纸检验[2]，然后在冰盐浴中放置 15min 以保证反应完全[3]。

2. 偶合

在试管内混合 1.2g（约 1.3mL，0.01mol）N,N-二甲基苯胺和 1mL 冰醋酸，在不断搅拌下，将此溶液慢慢加到上述冷却的重氮盐溶液中。加完后，继续搅拌 10min，然后慢慢加入 25mL 5％氢氧化钠溶液，直至反应物变为橙色，这时反应液呈碱性，粗制的甲基橙呈细粒状沉淀析出[4]。将反应物在沸水浴上加热 5min，冷至室温后，再在冰水浴中冷却，使甲基橙晶体析出完全。抽滤收集结晶，依次用少量水、乙醇、乙醚洗涤，压干。

若要得到较纯产品，可用溶有少量氢氧化钠（0.1～0.2g）的沸水（每克粗产物约需 25mL）进行重结晶。待结晶析出完全后，抽滤收集，沉淀依次用少量乙醇、乙醚洗涤[5]。得到橙色的小叶片状甲基橙结晶，产量 2.5g。

溶解少许甲基橙于水中，加几滴稀盐酸溶液，接着用稀的氢氧化钠溶液中和，观察颜色变化。

【附注】

[1] 对氨基苯磺酸是两性化合物，酸性比碱性强，以酸性内盐存在，所以它能与碱作用成盐而不能与酸作用成盐。

[2] 淀粉-碘化钾试纸刚变蓝，说明亚硝酸刚过量，重氮化完全。若试纸不显蓝色，尚需补充亚硝酸钠溶液。

[3] 在此时往往析出对氨基苯磺酸的重氮盐。这是因为重氮盐在水中可以电离，形成中性内盐（$^-O_3SPhN_2^+$），在低温时难溶于水而形成细小晶体析出。

[4] 若反应物中含有未作用的 N,N-二甲基苯胺醋酸盐，在加入氢氧化钠后，就会有难溶于水的 N,N-二甲基苯胺析出，影响产物的纯度。湿的甲基橙在空气中受光的照射后，颜色很快变深，所以一般得紫红色粗产物。

[5] 重结晶操作应迅速，否则由于产物呈碱性，在温度高时易使产物变质，颜色变深。用乙醇、乙醚洗涤的目的是使其迅速干燥。

【思考题】

1. 什么叫偶联反应？试结合本实验讨论一下偶联反应的条件。

2. 在本实验中，制备重氮盐时为什么要把对氨基苯磺酸变成钠盐？本实验如改成下列操作步骤：先将对氨基苯磺酸与盐酸混合，再滴加亚硝酸钠溶液进行重氮化反应，可以吗？为什么？

3. 试解释甲基橙在酸碱介质中的变色原因，并用反应式表示。

实验十九　乙酰水杨酸的制备

乙酰水杨酸（acetylsalicylic acid）化学名为 2-乙酰氧基苯甲酸，商品名阿司匹林（aspirin），是现代生活中最大众化的万应药之一，为白色针状或板状结晶或粉末，熔点 135～140℃，无气味，微带酸味。

早在 1763 年，人们从柳树皮中分离出的一种活性成分，具有止痛、退热和抗炎的作用，这种成分称为水杨酸。但作为一种药物，它的副作用比较大，严重刺激口腔、食道和胃黏膜，以致大多数病人不愿服用它。直到 1893 年，拜耳（Bayer）公司的化学家 Felix Hoffmann 对水杨酸进行了结构修饰，合成了乙酰水杨酸，并把其称之为阿司匹林，它具有与水杨酸相同的医疗作用，并且没有令人不愉快的味道和对黏膜的高度刺激性。

阿司匹林的作用方式在最近几年逐渐得到阐明，它能阻碍体内合成前列腺素，因而能减弱身体免疫反应的症状，如发烧、疼痛和发炎。近几年的研究进展发现阿司匹林还具有抑制血小板凝聚的作用。目前，乙酰水杨酸是最佳的一种长效而且安全的可以作为血小板阻凝剂使用的药物。它可以选择性抑制血小板膜环氧酶阻碍血栓素 TXA_2 生成，有抗血小板凝聚和抗血栓形成的作用。临床用此作用预防血栓形成，治疗冠心病的心肌梗死和视网膜内血栓形成等。阿司匹林还具有很好的抗风湿作用，可治疗风湿性关节炎，另外还可以靠其酸性驱除胆道蛔虫，缓解胆绞痛。现在我们经常用的复方乙酰水杨酸（APC）通常含阿司匹林、啡那西丁和咖啡因。APC 取 Aspirin、Phenacetin 和 Caffein 三者之字首合并而成。

阿斯匹林作为一种重要的镇痛药物，具有显著的解热、镇痛、消炎和抗风湿作用，至今仍广泛用于治疗感冒、风湿病和关节炎。随着时间的推移，科学家发现，这种常用药的有效成分乙酰水杨酸，在人体内抗凝血、消炎、解热、抗癌、防治心血管疾病等方面也有着神奇的功效，且其临床应用范围不断拓展。

【目的要求】

1. 了解固体有机化合物制备、提纯的一般方法。
2. 掌握减压过滤及混合溶剂重结晶的操作。
3. 理解酰化反应原理。

【实验原理】

制备乙酰水杨酸最常用的方法是将水杨酸与酰化试剂乙酸酐作用，通过乙酰化反应，使水杨酸分子中酚羟基上的氢原子被乙酰基取代生成乙酰水杨酸。

水杨酸的分子内氢键使羟基的活性降低，故在本实验中，加入少量浓硫酸作催化剂，其作用是破坏水杨酸分子中羧基与酚羟基间形成的氢键，从而促进乙酰化的进行。

　　由于水杨酸既有羟基又有羧基，使反应复杂化，在乙酰化的同时发生一些副反应，生成少量副产物，成为杂质。在温度不高（低于 90℃）的情况下发生副反应程度小，产物中的主要杂质为未作用完的水杨酸、乙酸酐及生成的乙酸。乙酸酐在水中分解成乙酸。乙酸溶于水，水杨酸和乙酰水杨酸不溶于水，据此可除去产物中的大部分乙酸酐及乙酸。在反应时乙酸酐是过量的，故酰化进行得比较完全，未作用完的水杨酸很少，可用乙醇-水的混合溶剂重结晶的方法将其除去，重结晶时，残留的乙酸也同时被除去。

　　水杨酸含有酚羟基，可与三氯化铁形成紫色配合物，乙酰水杨酸中的酚羟基已被酰化，不再发生颜色反应，故可用三氯化铁检验提纯效果。

【仪器、药品】

　　50mL 锥形瓶，100℃ 温度计，25mL 量筒，10mL 量筒，500mL 烧杯，50mL 烧杯，抽滤瓶，布氏漏斗，滤纸，玻璃棒，台秤，真空泵；

　　水杨酸，乙酸酐，浓硫酸，95％乙醇，蒸馏水，0.1％三氯化铁溶液。

【实验步骤】

　　1. 在干燥的 50mL 锥形瓶中加入 2g 水杨酸，再缓缓加入 5mL 乙酸酐，摇匀后滴加 5 滴浓硫酸，摇匀，置于 80～90℃ 的水浴中加热并振摇 10min，加入 2mL 水以分解过剩的乙酸酐，分解完后（不再有气泡），分 4 次加入 20mL 水，每次加水后要摇匀，置冷水浴中冷却至大量晶体析出，抽滤（见实验六　重结晶及过滤），用 10mL 冷蒸馏水分两次洗涤晶体，抽干得粗产品。

　　2. 取麦粒大小粗产品放入试管中，加尽量少的乙醇使之溶解，加入 2 滴 0.1％三氯化铁水溶液，检查水杨酸的存在。

　　3. 在 50mL 烧杯中将粗产品溶于 6mL 95％的乙醇中，在 60℃ 水浴上加热溶解，加入 20mL 水[1]，静置冷却至大量晶体析出[2]（约 30min），抽滤。用 10mL 水-乙醇混合液（水：乙醇＝4：1）分两次润洗晶体，抽干，得较纯的产品。

　　4. 再用 0.1％三氯化铁溶液检查纯品的纯度，并与上次检验结果进行比较。

【附注】

　　[1] 乙酰水杨酸在水中能缓慢水解，应尽量减少与水的接触时间，若对产品纯度要求较高，可用乙醚-石油醚或苯作为溶剂重结晶。

　　[2] 若无结晶析出，可用玻璃棒磨擦瓶内底部然后再静止一会儿。若气温较高则须用冷水浴冷却。

【思考题】

　　1. 酰化反应中使用浓硫酸的目的何在？

　　2. 乙酰水杨酸在沸水中受热时，分解而得到一种溶液，后者在三氯化铁实验中呈阳性，为什么？

　　3. 如反应温度过高，反应中可能有哪些副产物？

实验二十　己内酰胺的制备

【目的要求】

1. 学习环己酮肟的制备方法。
2. 掌握实验室以 Beckmann 重排反应来制备酰胺的方法和原理。
3. 掌握 Beckmann 重排的反应历程。

【实验原理】

醛、酮类化合物能与羟胺反应生成肟。肟是一类具有一定熔点的结晶形化合物，易于分离和提纯。常常利用醛、酮所生成的肟来鉴别它们。

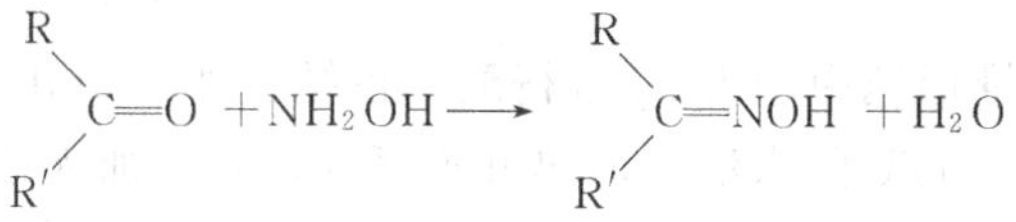

$$\begin{array}{c} R \\ | \\ C=O \\ | \\ R' \end{array} + NH_2OH \longrightarrow \begin{array}{c} R \\ | \\ C=NOH \\ | \\ R' \end{array} + H_2O$$

肟在酸性催化剂（如硫酸、五氯化磷等）作用下发生分子内重排生成酰胺。这种由肟变成酰胺的重排是一个很普遍的反应，叫做贝克曼（Beckmann）重排。不对称的酮肟或醛肟进行重排时，通常羟基总是和在反式位置的烃基进行互换位置，即为反式位移。在重排过程中，烃基的迁移与羟基的离去是同时发生的。该反应具有立体专一性，其反应历程如下：

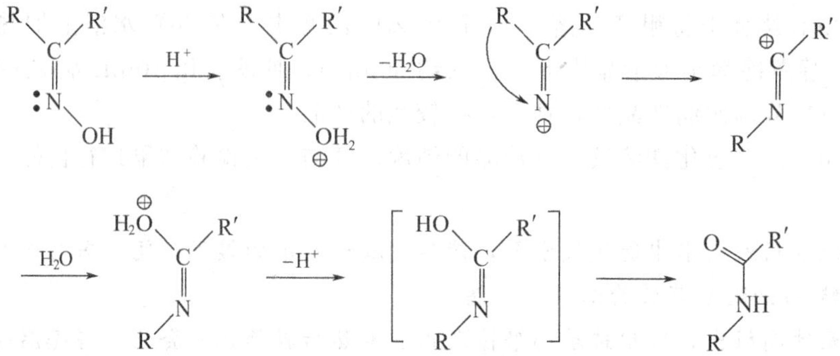

环己酮与羟胺反应生成环己酮肟，在浓硫酸作用下重排得到己内酰胺。己内酰胺是合成高分子材料聚己内酰胺（尼龙-6）的基本原料。

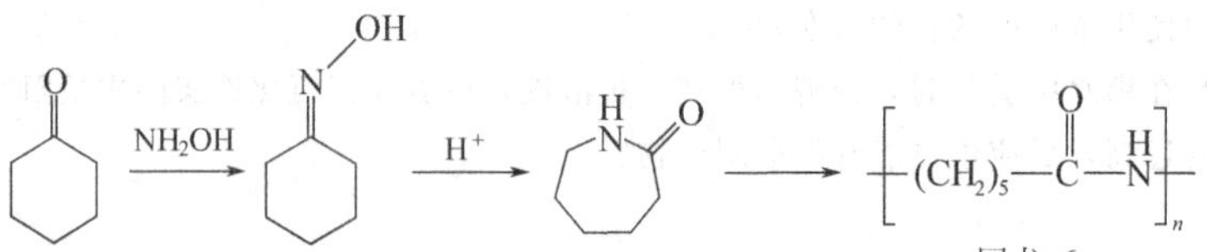

尼龙-6

【仪器、药品】

锥形瓶（100mL），烧杯（100mL），温度计，分液漏斗，圆底烧瓶（100mL），布氏漏斗；

环己酮，盐酸羟胺，无水醋酸钠，85%硫酸，20%氨水，二氯甲烷，无水硫酸钠，石油醚（30～60℃）。

【实验步骤】

1. 环己酮肟的制备

将 1.4g 盐酸羟胺和 2g 无水醋酸钠加入到 100mL 碘量瓶中，并用 6mL 水将固体溶解，水浴加热此溶液至 35～40℃。用吸量管准确吸取 1.5mL 环己酮，慢慢滴至碘量瓶中，边加边摇动，很快有固体析出。加完后用塞子塞住瓶口，并不断激烈振摇 5～10min。环己酮肟呈白色粉状固体析出[1]。冷却后，抽滤，用少量蒸馏水洗涤粉状固体，抽干后称重得产物约 1.5g。

2. 环己酮肟重排制备己内酰胺

在 100mL 烧杯[2]中加入 1g 干燥的环己酮肟和 2mL 85％的硫酸[3]，搅拌溶解。边加热边搅拌至反应开始（有气泡生成，110～120℃），立即撤掉热源，反应在数秒钟内完成，生成棕色黏稠状液体。冷至室温后再放入冰水中冷却至 5℃ 以下。在搅拌状态下缓慢滴加 20％的氨水[4]，控温在 20℃ 以下，以免己内酰胺在温度过高时发生水解，直至溶液恰对石蕊试纸呈碱性（大约需加 12mL 20％氨水，约 20min 滴加完）。

将粗产物转移至分液漏斗中，每次用 5mL 的二氯甲烷萃取三次，合并有机层，用无水硫酸钠干燥至澄清。用塞有棉花的小漏斗滤入一干燥的锥形瓶中，在温水浴温热下，在通风橱中浓缩至 2～3mL，小心向溶液加入石油醚（30～60℃），到恰好出现浑浊为止。将锥形瓶置于冰浴中冷却结晶，抽滤，用少量石油醚洗涤结晶。己内酰胺熔点 69～70℃。

【附注】

[1] 与羟胺反应时温度不宜过高。加完环己酮以后，应剧烈振摇碘量瓶以使反应完全，若环己酮肟呈白色小球状，则表示反应未完全，需继续振摇。

[2] 重排反应很激烈，故使用烧杯做容器以利于散热，使反应缓和。反应中温度不可太高，以免副反应增加。

[3] 配制 85％硫酸溶液时是将酸倒入水中，绝不可搞错。因放热强烈，必须水浴冷却。

[4] 用氨水中和时会大量放热，故开始滴加氨水时要放慢滴加速度。否则温度太高，将导致酰胺水解。

【思考题】

1. 环己酮肟制备时为什么要加入醋酸钠？

2. 为什么要加入 20％氨水中和？

3. 滴加氨水时为什么要控制反应温度？

实验二十一　对氨基苯甲酸乙酯的制备

　　对氨基苯甲酸乙酯俗称苯佐卡因（benzocaine），为白色结晶性粉末，遇光颜色逐渐变黄，无臭，味微苦，随后有麻痹感；可用作局部麻醉剂（local anesthetics）或止痛剂（painkiller），用于皮肤或黏膜的表面麻醉，它是缓解晒伤、瘙痒和轻度烧伤时应用最广泛的药物之一。

　　化学家对外科手术所必需的麻醉剂或止痛剂研究得较透彻，最早的局部麻醉药是从秘鲁野生的古柯灌木叶子中提取出来的生物碱——古柯碱，又称可卡因，但它具有容易成瘾和毒性大等缺点，他们在搞清了古柯碱的结构和药理作用之后，开始寻找它的代用品，人工合成和试验了数百种局部麻醉剂，苯佐卡因就是其中之一。已经发现的有活性的这类药物均有如下共同的结构特征：分子的一端是芳环，另一端则是仲胺、叔胺等，两个结构单元之间相隔1～4个原子连结的中间链。芳环部分通常为芳香酸酯，它与麻醉剂在人体内的解毒有着密切的关系；芳环上的氨基还有助于使此类化合物形成溶于水的盐酸盐以制成注射液。

【实验目的】

　　1. 学会对氨基苯甲酸乙酯的制备原理和方法。

　　2. 了解该类局部麻醉药的合成原理。

　　3. 进一步掌握分液漏斗的使用和重结晶技术。

【实验原理】

　　工业上制备对氨基苯甲酸乙酯，一般是由甲苯硝化生成对硝基甲苯，然后氧化生成对硝基苯甲酸。对硝基苯甲酸再与乙醇发生酯化反应生成对硝基苯甲酸乙酯，最后再将硝基还原成氨基得对氨基苯甲酸乙酯。本实验采取对氨基苯甲酸直接与乙醇在浓硫酸作用下，发生酯化反应生成对氨基苯甲酸乙酯。反应式如下：

$$H_2N-\!\!\!\!\bigcirc\!\!\!\!-COOH + CH_3CH_2OH \underset{}{\overset{H_2SO_4}{\rightleftharpoons}} H_2N-\!\!\!\!\bigcirc\!\!\!\!-COOC_2H_5 + H_2O$$

【仪器、药品】

　　100mL 圆底烧瓶，水浴锅，量筒，冷凝管，蒸馏头，尾接管，分液漏斗，烧杯；

　　对氨基苯甲酸，无水乙醇，浓硫酸，10%碳酸钠溶液，乙醚，无水硫酸镁。

【实验步骤】

　　在 100mL 圆底烧瓶中，加入 2g（0.0145mol）对氨基苯甲酸和 25mL 无水乙醇，摇匀，使大部分固体溶解。将烧瓶置于冰浴中冷却，加入 2mL 浓硫酸，立即产生大量沉淀（在接下来的回流中沉淀将逐渐溶解），加入几粒沸石，装上回流冷凝管，将反应混合物加热回流 1h，回流过程中不断摇荡。反应液呈无色透明状。

　　将反应混合物转入烧杯中，冷却后分批加入 10% 碳酸钠溶液中和（约需 12mL），可观察到有气体逸出，并产生泡沫（发生了什么反应？），直至加入碳酸钠溶液后无明显气体释放，再加入少量碳酸钠溶液至 pH 为 9 左右。在中和过程产生少量固体沉淀（生成了什么物质？）。将溶液倾入分液漏斗中，并用少量乙醚洗涤固体后并入分液漏斗。向分液漏斗中加入 40mL 乙醚，振摇后分出醚层。经无水硫酸镁干燥后，在水浴上蒸去乙醚和大部分乙醇，至残余油状物约 2mL 为止。残余液用 1:5 的乙醇-水溶液重结晶，产量约 1g，熔点 90℃。

　　纯净的对氨基苯甲酸乙酯为白色针状晶体，熔点为 91～92℃。

【思考题】

　　1. 本实验中加入浓硫酸后，产生的沉淀是什么物质？试解释之。

　　2. 酯化反应结束后，为什么要用碳酸钠溶液而不用氢氧化钠溶液中和？为什么不中和至 pH 为 7 而要使溶液 pH 为 9 左右？

　　3. 如何以对氨基苯甲酸为原料合成局部麻醉剂普鲁卡因（procaine）。

实验二十二 香豆素-3-羧酸的制备

香豆素（coumarin）学名为邻羟基肉桂酸内酯，又称 1,2-苯并吡喃酮，白色斜方晶体或结晶粉末，分子量为 146.15，熔点为 68～70℃，溶于热水、乙醇、乙醚、氯仿。广泛存在于许多天然植物中，主要分布于伞形科、芸香科、豆科和菊科四大科的植物中。

1820 年，Vogell 第一个分离得到香豆素，从此香豆素类化合物的研究发展迅速，其生物学活性被科学家们广泛关注，如抗癌作用、抗 HIV 作用、抗凝作用、雌激素作用、皮肤感光活性、抗菌作用、抗血管硬化、抗氧化、增强人体的免疫力等。香豆素为香辣型，具有类似新鲜干草的香气，味甜辣，是重要的香料，常用作定香剂，用于配制香水、花露水，也可用作饮料、食品、香烟、橡胶制品、塑料制品等的增香剂，电镀行业中的光亮剂，农药及杀鼠剂。另外，香豆素类化合物在紫外光的照射下常常显出蓝色的荧光，故可用于分析化学中的荧光检测。

【实验目的】

1. 学习利用 Knovengel 反应制备香豆素及其衍生物的原理和方法。
2. 了解酯水解法制备羧酸的方法。

【实验原理】

本实验用水杨醛和丙二酸二乙酯为原料，以有机碱为催化剂，在较低温度下合成香豆素的衍生物。这种合成方法称为 Knovengel 反应。水杨醛与丙二酸二乙酯在六氢吡啶催化下，缩合生成中间体香豆素-3-甲酸乙酯。后者再加碱水解，此时酯基和内酯均被水解，然后经酸化再次闭环形成内酯，即为香豆素-3-羧酸。

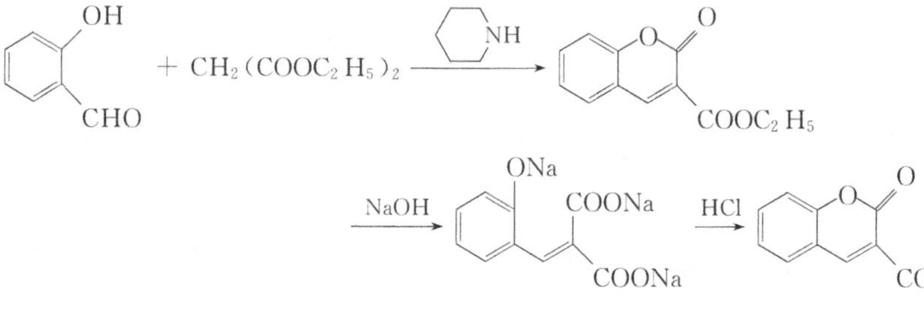

【仪器、药品】

100mL 圆底烧瓶，回流冷凝管，干燥管，水浴锅，锥形瓶，台秤，量筒，烧杯，抽滤瓶，布氏漏斗，真空泵；

水杨醛，丙二酸二乙酯，无水乙醇，六氢吡啶，冰醋酸，95％乙醇，氢氧化钠，浓盐酸，无水氯化钙。

【实验步骤】

1. 香豆素-3-甲酸乙酯的制备

在干燥的 100mL 圆底烧瓶中，加入 4.2mL（5g，0.014mol）水杨醛、6.8mL（7.2g，0.045mol）丙二酸二乙酯、25mL 无水乙醇、0.5mL 六氢吡啶和 2 滴冰醋酸，放入几粒沸石，装上回流冷凝管，冷凝管上口接氯化钙干燥管。在水浴上加热回流 2h。稍冷后将反应物转移到锥形瓶中，加入 30mL 水，置于冰浴中冷却。待结晶完全后，抽滤，每次用 2～3mL 50％冰冷过的乙醇洗涤晶体 2～3 次。粗产物为白色晶体，经干燥后重 6～7g，熔点 92～93℃。粗产物可用 25％的乙醇水溶液重结晶，熔点 93℃。

2. 香豆素-3-羧酸的制备

在 100mL 圆底烧瓶中加入 4g 香豆素-3-甲酸乙酯、3g 氢氧化钠、20mL 95％乙醇和 10mL 水，加入几粒沸石，装上回流冷凝管，用电热套加热至酯溶解后，再继续回流 15min。稍冷后，在搅拌下将反应混合物加到盛有 10mL 盐酸和 50mL 水的烧杯中，立即有大量白色结晶析出，在冰浴中冷却使结晶完全。抽滤，用少量冰水洗涤晶体，压干，干燥后重约 3g，熔点 188℃。粗品可用水重结晶。

纯净香豆素-3-羧酸的熔点为 190℃（分解）。

【思考题】

1. 写出利用 Knovengel 反应制备香豆素-3-羧酸的反应机理。反应中加入醋酸的目的是什么？

2. 如何利用香豆素-3-羧酸制备香豆素？

实验二十三　8-羟基喹啉的制备

8-羟基喹啉（8-hydroxyquinoline）又称 8-氢氧化喹啉、8-羟基氮萘等，为白色或淡黄色结晶或结晶性粉末，不溶于水和乙醚，溶于乙醇、丙酮、氯仿、苯或稀酸。

8-羟基喹啉是一个重要的有机合成中间体，其合成工艺及衍生物的制备、生物活性的研究是目前化学、药学和医学界的热点内容之一。8-羟基喹啉作为性能优异的金属离子螯合剂，广泛用于金属的测定和分离，如冶金工业和分析化学中的金属元素化学分析、金属离子的萃取、光度分析和金属防腐。由于 8-羟基喹啉以及衍生物大多数具有生物活性，在医药工业领域内的应用也十分广泛，可直接用作消毒剂，还用作医药中间体，是合成克泻痢宁、氯碘喹啉、扑喘息敏的原料，还作为合成农药、染料和其他功能材料的中间体。将 8-羟基喹啉加入环氧树脂胶黏剂中可提高对金属（尤其是不锈钢）的粘接强度和耐热老化性。把8-羟基喹啉键合在高分子树脂上，使其高分子化，在分析、环境和材料以及电致发光、导电聚合物等方面有着广阔的应用前景。

8-羟基喹啉的制备方法有喹啉磺化碱融、氯代喹啉水解、氨基喹啉水解和 Skraup 合成四种方法。

【实验目的】

学习合成 8-羟基喹啉的原理和方法，巩固回流加热和水蒸气蒸馏等基本操作。

【实验原理】

Skraup 反应是合成喹啉及其衍生物最重要的方法，它是用苯胺、无水甘油、浓硫酸及弱氧化剂硝基化合物等一起加热而得。浓硫酸的作用使甘油脱水成丙烯醛，并使苯胺与丙烯醛的加成物脱水成环；硝基化合物则将 1,2-二氢喹啉氧化成喹啉，本身被还原成芳胺，反应中所用的硝基化合物，要与芳胺的结构相对应，否则会导致产生混合物。

为了避免反应过于剧烈，常加入硫酸亚铁和硼酸来缓和剧烈的反应，以减少焦油的生成量。本实验除用硝基化合物作为氧化剂外，砷酸、钒酸、三氧化铁、四氯化锡、硝基苯磺酸、碘等也可选用为该反应的氧化剂。一般来说，邻硝基苯酚是比较好的氧化剂，因为被还原后生成邻氨基苯酚，可以参与形成 8-羟基喹啉的反应。

【仪器、药品】

100mL 圆底烧瓶，冷凝管，电热套，台秤，量筒，烧杯，蒸馏头，尾接管；

无水甘油[1]，邻氨基苯酚，邻硝基苯酚，浓硫酸，氢氧化钠，乙醇。

【实验步骤】

在 100mL 圆底烧瓶中称取 9.5g（约 7.5mL，0.1mol）无水甘油，并加入 1.8g（0.013mol）邻硝基苯酚和 2.8g（0.025mol）邻氨基苯酚，混合均匀。然后缓缓滴加 9mL 浓硫酸并于冷水浴上冷却，装上回流冷凝管，用电热套缓缓加热。当溶液微沸时，立即移去热源[2]。反应大量放热，待作用缓和后，继续加热，保持反应物微沸 1.5～2h。

稍冷后，进行水蒸气蒸馏，除去未作用的邻硝基苯酚，直至馏分由浅黄色变为无色为止（约 30min）。瓶内液体冷却后，慢慢滴加氢氧化钠溶液（6g 氢氧化钠溶于 6mL 水）。再小心滴入饱和碳酸钠溶液至中性[3]。再进行水蒸气蒸馏，蒸出 8-羟基喹啉（收集馏液 200～250mL）[4]。馏出液充分冷却后，抽滤收集析出物，洗涤干燥后，得粗产物 5g 左右。粗产物用 4∶1（体积比）乙醇-水混合溶剂 25mL 重结晶[5]，得 8-羟基喹啉 2～2.5g[6]。

取 0.5g 上述产物进行升华操作，可得美丽的针状结晶，熔点 76℃。纯净 8-羟基喹啉的熔点为 75～76℃。

【附注】

[1] 无水甘油的制备：所用甘油的含水量不应超过 0.5%（$d=1.26$）。如果甘油中含水量较大时，则喹啉的产量不好。可将普通甘油在通风橱内置于瓷蒸发皿中加热至 180℃，冷至 100℃左右，放入盛有硫酸的干燥器中备用。

[2] 此系放热反应，溶液呈微沸，表示反应已经开始。如继续加热，则反应过于激烈，会使溶液冲出容器。

[3] 8-羟基喹啉既溶于酸又溶于碱而成盐，成盐后不被水蒸气蒸馏蒸出，故必须小心中和，控制 pH 在 7～8 之间。中和恰当时，析出沉淀最多。

[4] 为确保产物蒸出，在水蒸气蒸馏后，对残液 pH 值再进行一次检查，必要时再进行水蒸气蒸馏。

[5] 粗产物用 4∶1（体积比）乙醇-水混合溶剂 25mL 重结晶时，由于 8-羟基喹啉难溶于冷水，于放置滤液中慢慢滴入去离子水，即有 8-羟基喹啉不断析出结晶。

[6] 产率以邻氨基苯酚计算，不考虑邻硝基苯酚部分转化后参与反应的量。

【思考题】

1. 为什么第一次水蒸气蒸馏在酸性下进行，而第二次又要在中性下进行？

2. 为什么在第二次水蒸气蒸馏前，一定要很好地控制 pH 范围？碱性过强时有何不利？若已发现碱性过强时，应如何补救？

3. 具有什么条件的固体有机化合物，才能用升华法进行提纯？

4. 在进行升华操作时，为什么只能用小火缓缓加热？

5. 如果在 Skraup 合成中用 β-萘胺或邻苯二胺做原料与甘油反应，应得到什么产物？

实验二十四　安息香的辅酶合成及其转化

　　安息香（benzoin）又称苯偶姻、二苯乙醇酮、2-羟基-2-苯基苯乙酮或 2-羟基-1,2-二苯基乙酮，为无色或白色晶体，溶于丙酮、热乙醇，微溶于水，可由两分子苯甲醛在热的氰化钠（钾）的乙醇溶液中通过安息香缩合制得。

　　安息香总含树脂约 90%，树脂所含总苯甲酸为 10%～20%，总桂皮酸为 10%～30%。其药材性状一般为球形颗粒压结而成的团块，常温下质地坚脆，加热即会软化，伴有沉香芳香的气味，安息香应置于阴凉干燥处保存，并注意防水、防晒，远离火源。

　　安息香可用作药物或药物原料，其主要药理作用为祛痰、防腐，可用于配制止咳药和感冒药，安息香可刺激呼吸道黏膜，使其分泌增加，稀释痰液，促进痰液的排出，而达到祛痰的目的。如安息香酊为刺激性祛痰药。吸入时应避免蒸气的浓度过高而刺激眼、鼻、喉等。等级较好的安息香提取后用于生产香皂、香波、护肤霜、浴油、气溶胶、爽身粉、液体皂、空气清新剂、织物柔顺剂、洗衣粉和洗涤剂等日用化学品。

　　安息香还可作为生产聚酯的催化剂、光固化胶黏剂的光引发剂等，也可用于染料生产及感光性树脂的光增感剂、照相凹版油墨、光固化型涂料；用于荧光反应检验锌、有机合成、测热法的标准及防腐剂等；是粉末涂料生产中防止粉末涂料出现针孔的理想的助剂。

　　近年来有关安息香缩合反应及应用研究的新技术、新方法、新催化剂等报道较多，这些研究对提高安息香缩合产率、扩大其应用范围具有重要的理论和实际意义。目前比较流行的缩合方法有以下几种：维生素 B_1 催化法、相转移催化-VB_1 法、超声波-VB_1 法、微波-VB_1 法、金属催化法、生物催化法、N-杂环卡宾催化法等。

一、安息香缩合反应

【实验目的】

　　1. 学习安息香缩合反应的原理。

　　2. 掌握应用维生素 B_1 为催化剂合成安息香的实验操作方法。

【实验原理】

　　芳香醛在氰化钠（钾）催化下，分子间发生缩合生成二苯羟乙酮（安息香）的反应，称为安息香缩合。这是一个碳负离子对羰基的亲核加成反应。除氰离子外，噻唑生成的季铵盐也可对安息香缩合起催化作用。如用有生物活性的维生素 B_1 的盐酸盐代替氰化物催化安息香缩合反应。

　　维生素 B_1 价廉、易得，无毒，操作安全，反应条件温和，且催化剂效果好，产率高，因而备受人们青睐。维生素 B_1 又称硫胺素或噻胺，结构为：

$$\left[\begin{array}{c} NH_2 \\ H_3C \end{array} \quad N^+ \quad S \quad H_3C \quad CH_2CH_2OH \right] \quad Cl^- \cdot HCl$$

因为维生素 B_1 分子中右边噻唑环上的氮原子和硫原子之间的氢有较大酸性，在碱中易形成碳负离子，催化苯偶姻的形成。

【仪器、药品】

苯甲醛（新蒸），95％乙醇，10％氢氧化钠溶液，活性炭，维生素 B_1；

50mL 圆底烧瓶，回流冷凝管，抽滤瓶，烧杯，水浴，电热套。

【实验步骤】

在 50mL 圆底烧瓶中加入 1.75 克（0.005mol）维生素 B_1[1]、3.5mL 蒸馏水和 95％乙醇 15mL，摇匀后将烧瓶置于冰水浴中冷却[2]。同时取 5mL 10％氢氧化钠溶液于一支试管中，也置于冰水中冷却至 5～8℃。将试管中的氢氧化钠溶液逐滴加入烧杯中，后加入 10mL（10.5g，0.1mol）新蒸的苯甲醛[3]，充分摇匀，调节反应液 pH＝9～10。去掉冰浴，加入几粒沸石，装上回流冷凝管，将混合物置于 60～75℃ 水浴中，加热 1.5h，后期温度可提高至 80～90℃[4]，其间不断振摇并保持 pH＝9～10。加热后将烧瓶冷却至室温，再经冰浴冷却[5]，即有白色晶体析出。分别用 20mL 水洗涤两次，抽滤干燥，即得晶体约 6g。若产物有颜色可加入 50mL 95％乙醇重结晶[6]并加少量活性炭脱色。测定本品熔点。纯安息香为白色针状结晶，熔点 137℃。

【附注】

[1] 因维生素 B_1 对本实验有很大的影响，应使用新开瓶或原密封的维生素 B_1，用后立即密封并放于阴凉处。

[2] 维生素 B_1 的噻唑环在碱性条件下易开环失效，因此加碱前要用冰浴冷却，降低反应温度。

[3] 因苯甲醛易氧化，本实验应使用新蒸馏的苯甲醛。

[4] 反应过程中，开始时溶液不必沸腾，即水浴的温度控制在 60～75℃，因为维生素 B_1 遇较高温度会分解，反应后期可适当升高温度至 80～90℃。

[5] 若冷却太快，产物成油状析出，可重新加热溶解后再缓慢冷却重新结晶。用玻璃摩擦瓶壁可促使结晶形成。

[6] 重结晶时乙醇的加入量为安息香的 10 倍。

【思考题】

1. 安息香缩合与羟醛缩合有什么不同？

2. 缩合反应为什么要保持溶液的 pH 为 9～10？pH 过高或过低对反应有什么影响？

二、二苯乙二酮的制备

【实验目的】

熟悉在铜盐的氧化作用下安息香的转化反应。

【实验原理】

在冰醋酸溶液中和硫酸铜的催化作用下，安息香可以被温和的氧化剂 Cu^{2+} 氧化生成二苯乙二酮，Cu^{2+} 被还原成亚铜，亚铜可不断被硝酸铵重新氧化生成 Cu^{2+}，硝酸铵本身被还原为亚硝酸铵，后者在反应条件下分解为氮气和水。

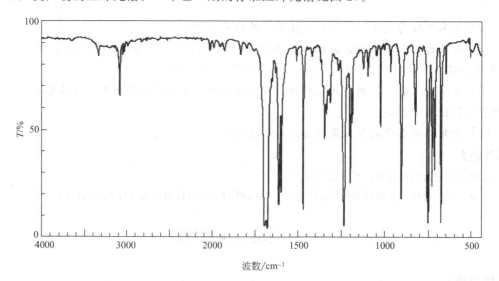

【仪器、药品】

100mL 圆底烧瓶，回流冷凝管，抽滤瓶，烧杯，电热套，真空泵；

安息香，硝酸铵，冰醋酸，95％乙醇，2％ $CuSO_4$ 溶液。

【实验步骤】

1. 合成

（1）在 100mL 圆底烧瓶中加入 4.3g（0.02mol）安息香、12.5mL 冰醋酸、2g（0.025mol）粉状硝酸铵和 2.5mL 2％ $CuSO_4$ 的溶液[1]，再加入 3～5 粒沸石。

（2）安装回流装置。

（3）缓慢加热并间歇振荡反应装置。当反应物溶解，开始放出氮气后，继续回流 1.5h。

2. 分离和提纯

（1）将反应物冷至 50～60℃，搅拌下[2]倾倒在 20mL 冰水中，析出黄色晶体。

（2）待充分冷却后，抽滤并用冷水洗涤后干燥粗产品。

（3）粗产品可以用 75％的乙醇水溶液进行重结晶。重结晶后烘干产品，称重并计算产率。

3. 产物测定

（1）测产物的熔点。

（2）测产物的红外光谱。二苯乙二酮的标准红外光谱见图 27。

图 27　二苯乙二酮的红外光谱

【附注】

　　［1］2％硫酸铜溶液配制：溶解 2.5g $CuSO_4 \cdot H_2O$ 于 100mL 10％醋酸水溶液中，充分搅拌后滤去碱性铜盐的沉淀。

　　［2］应充分搅拌，防止晶体结成大块包进杂质。

【思考题】

　　1. 合成反应中加入的硫酸铜和硝酸铵具体起什么作用？

　　2. 分离时将反应混合产物倾入冰水中的目的是什么？

实验二十五　苯亚甲基苯乙酮的制备

苯亚甲基苯乙酮（benzal acetophenone）又称查耳酮（chalcone），有 Z、E 两种异构体，溶于乙醚、氯仿、二硫化碳和苯，微溶于乙醇，不溶于石油醚，可吸收紫外光，有刺激性。

查耳酮及其衍生物，是由芳香醛酮经羟醛缩合后的产物，它是一种重要的有机合成和药物合成中间体，尤其是合成黄酮类化合物的重要中间体，广泛应用于医药和日化产品的合成。其本身也有重要的药理作用，如抗蛲虫作用、抗过敏作用、活血、消肿、止痛、止血、抗癌等多种药效。它是测定固体催化剂表面酸性的指示剂；同时，还是重要的有机非线性光学材料，广泛用于功能染料等领域。

随着查耳酮类化合物生物活性的逐渐发现，人们对它的研究也越来越深入。设计、合成新结构类型的查耳酮类化合物，为新药设计和开发提供了有价值的信息。因此，优化其制备工艺，提高产率，倡导绿色合成，受到科研人员的普遍关注。查耳酮经典的合成方法，是在乙醇水溶液中，利用强碱氢氧化钠或氢氧化钾催化苯甲醛和苯乙酮羟醛缩合后脱水而得到，近年来，对该反应催化剂进行了深入研究，如采用碳酸钾或三丁基芳基锡催化剂、利用相转移催化剂等。

【实验目的】

1. 掌握羟醛缩合反应原理和苯亚甲基苯乙酮的制备方法。
2. 学会反应温度控制方法、滴液漏斗、搅拌器的使用。
3. 进一步熟悉重结晶的操作技术。

【实验原理】

具有 α 活泼氢的醛、酮在稀碱的作用下，分子间发生羟醛缩合反应，生成 β 羟基醛、酮，提高反应温度，β 羟基醛、酮进一步脱水，生成 α，β 不饱和醛酮。这是合成 α，β 不饱和羰基化合物的重要方法，也是有机合成中增长碳链的重要反应。常用的催化剂是氢氧化钠、氢氧化钾、氢氧化钙或氢氧化钡的水溶液或醇溶液，也可使用醇钠或仲胺。苯亚甲基苯乙酮可由苯甲醛和苯乙酮在氢氧化钠作用下发生羟醛缩合而得。

【仪器、药品】

搅拌器，温度计，滴液漏斗，三口瓶，量筒，烧杯，抽滤瓶，布氏漏斗，玻璃棒，台秤，真空泵；

苯甲醛，苯乙酮，10％氢氧化钠溶液，乙醇。

【实验步骤】

在装有搅拌器、温度计和滴液漏斗的三口瓶中，加入 25mL 10％氢氧化钠溶液、15mL 乙醇和 6mL 苯乙酮，搅拌下由滴液漏斗滴加 5mL 苯甲醛。由于反应放热，可观察到温度慢慢上升，控制滴加速度，保持反应温度在 25～30℃之间[1]，必要时用冷水浴冷却。滴加完毕后，继续保持此温度并搅拌 0.5h。然后加入几粒苯亚甲基苯乙酮作为晶种[2]，室温下继续搅拌 1～1.5h，即有固体析出。反应结束后将三口瓶置于冰水浴中冷却 15～30min，使结晶完全。

减压过滤收集产物，用水充分洗涤，至洗涤液对石蕊试纸显中性。然后用少量冷乙醇（5～6mL）洗涤结晶，挤压抽干，得苯亚甲基苯乙酮粗品[3]。粗产物用 95％乙醇重结晶[4]（每克产物需 4～5mL 溶剂），若溶液颜色较深可加少量活性炭脱色，得浅黄色片状结晶6～7g，熔点 56～57℃[5]。

【附注】

[1] 反应温度以 25～30℃为宜。温度过高，副产物多；过低，产物发黏，不易过滤和洗涤。

[2] 一般在室温下搅拌 1h 后即可析出结晶，为引发结晶较快析出，最好加入事先制好的晶种。

[3] 苯亚甲基苯乙酮能使某些人皮肤过敏，处理时注意勿与皮肤接触。

[4] 苯亚甲基苯乙酮熔点低，重结晶回流时呈熔融状，必须加溶剂使其呈均相。

[5] 苯亚甲基苯乙酮存在几种不同的晶形。通常得到的是片状的 α 体，纯粹的 α 体熔点为 58～59℃，另外还有棱状或针状的 β 体（熔点 56～57℃）及 γ 体（熔点 48℃）。

【思考题】

1. 本实验中可能会产生哪些副反应？实验中采取了哪些措施来避免副产物的生成？

2. 写出苯甲醛与丙酮在碱催化下缩合产物的结构式。

实验二十六　　乙酰苯胺的制备

【实验目的】

1. 掌握制备乙酰苯胺的基本原理和方法。

2. 进一步熟练蒸馏、回流、重结晶操作技术。

3. 初步训练利用所学有机化学知识设计有机化学实验的能力。

【实验设计要求】

现有以下原料：苯胺，冰醋酸，锌粉，活性炭。试设计合理的实验方法合成并分离提纯乙酰苯胺。

设计提示：

$$\text{《》}-NH_2 + CH_3COOH \rightleftharpoons \text{《》}-NHCOCH_3 + H_2O$$

由于该反应为可逆反应，为提高产率，须使反应向右移动。为了使反应进行彻底，在反应过程中可采用蒸馏或分馏的方法去除产物中的水。

锌粉的作用是防止苯胺在反应过程中氧化。但必须注意，不能加得过多，否则在后处理中出现不溶于水的氢氧化锌。

活性炭具有较大的表面积，吸附作用较强，溶液中的有色杂质一般可用活性炭脱色。

物质的分离和提纯就是利用混合物中各物质在某些方面的不同性质，选择适当的实验手段将其分离（或将杂质除去）。应根据物质的基本性质设计分离方案。

固体有机物的分离和提纯可采用重结晶的方法；重结晶须正确选择溶剂，在选择溶剂时，必须根据相似相溶原理考虑被溶解物质的成分和结构。本实验中可选择水作溶剂。该实验中得到的乙酰苯胺容易溶于热水。实验中加入的锌粉及活性炭可采用热过滤或趁热抽滤的方法除去。反应剩余少量醋酸可采用冷水洗涤的方法除去。

【实验基础知识与技能】

酰卤、酸酐、羧酸均可作为酰化剂，但酰卤和酸酐价格较高且酰卤反应过于剧烈，而羧酸反应较温和，建议实验中选择冰醋酸作为酰化试剂。

反应过程中须控制一定的回流比，要求馏出液的馏出速度控制在 30 滴/min。

反应进行程度的判断如下。

(1) 反应时间，有机反应速度较慢，至少需 1h 以上。

(2) 反应温度的变化，小火加热保持反应温度约在 105℃，反应生成的水及少量醋酸被蒸出，当温度上下波动时则表明反应已完成。

(3) 根据反应中生成水蒸气的量（反应器中出现白雾）判断反应进行的程度。在实验过程中须将三者结合起来。

【相关知识】

有机物的分离和提纯方法如下。

1. 气态混合物的提纯——洗气

2. 液态混合物的分离和提纯

（1）萃取、洗涤：萃取是利用物质在两种互不相溶（或微溶）溶剂中溶解度或分配比的不同来达到分离、提取或纯化目的的一种操作（详见本教材萃取和洗涤）。

（2）蒸馏和分馏：蒸馏和分馏的基本原理是一样的，蒸馏时混合液体中各组分的沸点要相差30℃以上，才可以进行分离，而要彻底分离沸点要相差110℃以上。分馏可使沸点相近的互溶液体混合物（甚至沸点仅相差1～2℃）得到分离和纯化。醋酸的沸点约为118℃，水的沸点100℃（详见本教材实验二）。

3. 固态混合物的分离和提纯

重结晶法：详见本教材实验六。

【注意事项】

［1］苯胺易被氧化，久置色深、含杂质。为不影响乙酰苯胺的质量，须用新蒸的苯胺。

［2］乙酰苯胺的溶解度如下所示。

温度/℃	20	50	80	100
溶解度/%	0.45	0.84	3.45	5.55

【思考题】

1. 在有机合成中，常将苯胺转变成乙酰苯胺，制备乙酰苯胺的意义是什么？

2. 苯胺转变成乙酰苯胺时，常用的乙酰化试剂有哪些？它们的反应速度如何？

3. 乙酰苯胺能否看作 N-苯代的乙酰胺？乙酰胺能否用加热醋酸铵的方法制备？

附　　录

附录Ⅰ　常用元素相对原子质量表

附表 1

元素名称		相对原子质量	元素名称		相对原子质量
银	Ag	107.87	锂	Li	6.941
铝	Al	26.98	镁	Mg	24.31
硼	B	10.81	锰	Mn	54.938
钡	Ba	137.34	钼	Mo	95.94
溴	Br	79.904	氮	N	14.007
碳	C	12.00	钠	Na	22.99
钙	Ca	40.08	镍	Ni	58.71
氯	Cl	35.45	氧	O	15.999
铬	Cr	51.996	磷	P	30.97
铜	Cu	63.54	铅	Pb	207.19
氟	F	18.998	钯	Pd	106.4
铁	Fe	55.847	铂	Pt	195.09
氢	H	1.008	硫	S	32.064
汞	Hg	200.59	硅	Si	28.088
碘	I	126.904	锡	Sn	118.69
钾	K	39.10	锌	Zn	65.37

附录Ⅱ　常用酸碱溶液密度及百分组成表

附表 2　盐酸

HCl 质量分数 /%	相对密度 d_4^{20}	100mL 水溶液中含 HCl 质量/g	HCl 质量分数 /%	相对密度 d_4^{20}	100mL 水溶液中含 HCl 质量/g
1	1.0032	1.003	22	1.1083	24.38
2	1.0082	2.006	24	1.1187	26.85
4	1.0181	4.007	26	1.1290	29.35
6	1.0279	6.167	28	1.1392	31.90
8	1.0376	8.301	30	1.1492	34.48
10	1.0474	10.47	32	1.1593	37.10
12	1.0574	12.69	34	1.1691	39.75
14	1.0675	14.95	36	1.1789	42.44
16	1.0776	17.24	38	1.1885	45.16
18	1.0878	19.58	40	1.1980	47.92
20	1.0980	21.96			

附表 3 硫酸

H_2SO_4 质量分数/%	相对密度 d_4^{20}	100mL 水溶液中含 H_2SO_4 质量/g	H_2SO_4 质量分数/%	相对密度 d_4^{20}	100mL 水溶液中含 H_2SO_4 质量/g
1	1.0051	1.005	65	1.5533	101.0
2	1.0118	2.024	70	1.6105	112.7
3	1.0184	3.055	75	1.6692	125.2
4	1.0250	4.100	80	1.7272	138.2
5	1.0317	5.159	85	1.7786	151.2
10	1.0661	10.66	90	1.8144	163.3
15	1.1020	16.53	91	1.8195	165.6
20	1.394	22.79	92	1.8240	167.8
25	1.1783	29.46	93	1.8279	170.2
30	1.2185	36.56	94	1.8312	172.1
35	1.2599	44.10	95	1.8337	174.2
40	1.3028	52.11	96	1.8355	176.2
45	1.3476	60.64	97	1.8364	178.1
50	1.3951	69.76	98	1.8361	179.9
55	1.4453	79.49	99	1.8342	181.6
60	1.4983	89.90	100	1.8305	183.1

附表 4 硝酸

HNO_3 质量分数/%	相对密度 d_4^{20}	100mL 水溶液中含 HNO_3 质量/g	HNO_3 质量分数/%	相对密度 d_4^{20}	100mL 水溶液中含 HNO_3 质量/g
1	1.0036	1.004	65	1.3913	90.43
2	1.0091	2.018	70	1.4134	98.94
3	1.0146	3.044	75	1.4337	107.5
4	1.0201	4.080	80	1.4521	116.2
5	1.0256	5.128	85	1.4686	124.8
10	1.0543	10.54	90	1.4826	133.4
15	1.0842	16.26	91	1.4850	135.1
20	1.1150	22.30	92	1.4873	136.8
25	1.1469	28.67	93	1.4892	138.5
30	1.1800	35.40	94	1.4912	140.2
35	1.2140	42.49	95	1.4932	141.9
40	1.2463	49.85	96	1.4952	143.5
45	1.2783	57.52	97	1.4974	145.2
50	1.3100	65.50	98	1.5008	147.1
55	1.3393	73.66	99	1.5056	149.1
60	1.3667	82.00	100	1.5129	151.3

附表 5 醋酸

CH₃COOH 质量分数/%	相对密度 d_4^{20}	100mL 水溶液中含 CH₃COOH 质量/g	CH₃COOH 质量分数/%	相对密度 d_4^{20}	100mL 水溶液中含 CH₃COOH 质量/g
1	0.9996	0.9996	65	1.0666	69.33
2	1.0012	2.002	70	1.0685	74.80
3	1.0025	3.008	75	1.0696	80.22
4	1.0040	4.016	80	1.0700	85.60
5	1.0055	5.028	85	1.0689	90.86
10	1.0125	10.13	90	1.0661	95.95
15	1.0195	15.29	91	1.0652	96.93
20	1.0263	20.53	92	1.0643	97.92
25	1.0326	25.82	93	1.0632	98.88
30	1.0384	31.15	94	1.0619	99.82
35	1.0438	36.53	95	1.0605	100.7
40	1.0488	41.95	96	1.0588	101.6
45	1.0534	47.40	97	1.0570	102.5
50	1.0575	52.88	98	1.0549	103.4
55	1.0611	58.36	99	1.0524	104.2
60	1.0642	63.85	100	1.0498	105.0

附表 6 氢溴酸

HBr 质量分数/%	相对密度 d_4^{20}	100mL 水溶液中含 HBr 质量/g	HBr 质量分数/%	相对密度 d_4^{20}	100mL 水溶液中含 HBr 质量/g
10	1.0723	10.7	45	1.4446	65.0
20	1.1579	23.2	50	1.5173	75.8
30	1.2580	37.7	55	1.5953	87.7
35	1.3150	46.0	60	1.6787	100.7
40	1.3772	56.1	65	1.7675	114.9

附表 7 氢碘酸

HI 质量分数/%	相对密度 d_4^{20}	100mL 水溶液中含 HI 质量/g	HI 质量分数/%	相对密度 d_4^{20}	100mL 水溶液中含 HI 质量/g
20.77	1.1578	24.4	56.78	1.6998	96.6
31.77	1.2962	41.2	61.97	1.8218	112.8
42.7	1.4489	61.9			

附表 8 发烟硫酸

游离 SO₃ 质量分数/%	相对密度 d_4^{20}	100mL 中游离 SO₃ 质量/g	游离 SO₃ 质量分数/%	相对密度 d_4^{20}	100mL 中游离 SO₃ 质量/g
1.54	1.860	2.8	10.07	1.900	19.1
2.66	1.865	5.0	10.56	1.905	20.1
4.28	1.870	8.0	11.43	1.910	21.8
5.44	1.875	10.2	13.33	1.915	25.5
6.42	1.880	12.1	15.95	1.920	30.6
7.29	1.885	13.7	18.67	1.925	35.9
8.16	1.890	15.4	21.34	1.930	41.2
9.43	1.895	17.7	25.65	1.935	49.6

附表 9 氢氧化铵

NH₃ 质量分数/%	相对密度 d_4^{20}	100mL 水溶液中含 NH₃ 质量/g	NH₃ 质量分数/%	相对密度 d_4^{20}	100mL 水溶液中含 NH₃ 质量/g
1	0.9939	9.94	16	0.9362	149.8
2	0.9895	19.79	18	0.9295	167.3
4	0.9811	39.24	20	0.9229	184.6
6	0.9730	58.38	22	0.9164	201.6
8	0.9651	77.21	24	0.9101	218.4
10	0.9575	95.75	26	0.9040	235.0
12	0.9501	114.0	28	0.8980	251.4
14	0.9430	132.0	30	0.8920	267.6

附表 10 氢氧化钠

NaOH 质量分数/%	相对密度 d_4^{20}	100mL 水溶液中含 NaOH 质量/g	NaOH 质量分数/%	相对密度 d_4^{20}	100mL 水溶液中含 NaOH 质量/g
1	1.0095	1.010	26	1.2848	33.40
2	1.0207	2.041	28	1.3064	36.58
4	1.0428	4.171	30	1.3279	39.84
6	1.0648	6.389	32	1.3490	43.17
8	1.0869	8.695	34	1.3696	46.57
10	1.1089	11.09	36	1.3900	50.04
12	1.1309	13.57	38	1.4101	53.58
14	1.1530	16.14	40	1.4300	57.20
16	1.1751	18.80	42	1.4494	60.87
18	1.1972	21.55	44	1.4685	61.61
20	1.2191	24.38	46	1.4873	68.42
22	1.2411	27.30	48	1.5065	72.31
24	1.2629	30.31	50	1.5253	76.27

附表 11 氢氧化钾

KOH 质量分数/%	相对密度 d_4^{15}	100mL 水溶液中含 KOH 质量/g	KOH 质量分数/%	相对密度 d_4^{15}	100mL 水溶液中含 KOH 质量/g
1	1.0083	1.008	28	1.2695	35.55
2	1.0175	2.035	30	1.2905	38.72
4	1.0359	4.144	32	1.3117	41.97
6	1.0544	6.326	34	1.3331	45.33
8	1.0730	8.584	36	1.3549	48.78
10	1.0918	10.92	38	1.3765	52.32
12	1.1108	13.33	40	1.3991	55.96
14	1.1299	15.82	42	1.4215	59.70
16	1.1493	19.70	44	1.4443	63.55
18	1.1688	21.04	46	1.4673	67.50
20	1.1884	23.77	48	1.4907	71.55
22	1.2083	26.58	50	1.5143	75.72
24	1.2285	29.48	52	1.5382	79.99
26	1.2489	32.47			

附表 12　碳酸钠

Na₂CO₃ 质量分数/%	相对密度 d_4^{20}	100mL 水溶液中含 Na₂CO₃ 质量/g	Na₂CO₃ 质量分数/%	相对密度 d_4^{20}	100mL 水溶液中含 Na₂CO₃ 质量/g
1	1.0086	1.009	12	1.1244	13.49
2	1.0190	2.038	14	1.1463	16.05
4	1.0398	4.159	16	1.1682	18.50
6	1.0606	6.364	18	1.1905	21.33
8	1.0816	8.653	20	1.2132	24.26
10	1.1029	11.03			

附表 13　常用的酸和碱

溶　液	相对密度 d_4^{20}	质量分数/%	浓度 /(mol/L)	g/100mL
浓盐酸	1.19	37	12.0	44.0
恒沸点盐酸(252mL 浓盐酸＋200mL)水,沸点 110℃	1.10	20.2	6.1	22.2
10%盐酸(100mL 浓盐酸＋32mL 水)	1.05	10	2.9	10.5
5%盐酸(50mL 浓盐酸＋380.5mL 水)	1.03	5	1.4	5.2
1mol/L 盐酸(41.5mL 浓盐酸稀释到 500mL)	1.02	3.6	1	3.6
恒沸点氢溴酸(沸点 126℃)	1.49	47.5	8.8	70.7
恒沸点氢碘酸(沸点 127℃)	1.7	57	7.6	97
浓硫酸	1.84	96	18	177
10%硫酸(25mL 浓硫酸＋398mL 水)	1.07	10	1.1	10.7
0.5mol/L 硫酸(13.9mL 浓硫酸稀释到 500mL)	1.03	4.7	0.5	4.9
浓硝酸	1.42	71	16	101
10%氢氧化钠	1.11	10	2.8	11.1
浓氨水	0.9	28.4	15	25.9

附录Ⅲ　常用有机溶剂沸点、密度表

附表 14

名称	沸点/℃	相对密度 d_4^{20}	名称	沸点/℃	相对密度 d_4^{20}
甲醇	64.96	0.7914	苯	80.1	0.87865
乙醇	78.5	0.7893	甲苯	110.6	0.8669
乙醚	34.51	0.71378	二甲苯(o-,m-,p-)	140	
丙酮	56.2	0.7899	氯仿	61.7	1.4832
乙酸	117.9	1.0492	四氯化碳	76.54	1.5940
乙酐	139.55	1.0820	二硫化碳	46.25	1.2632
乙酸乙酯	77.06	0.9003	硝基苯	210.8	1.2037
二氧六环	101.1	1.0337	正丁醇	117.25	0.8098

附录Ⅳ 水的蒸气压力表

附表 15

℃	p/mmHg[①]	℃	p/mmHg[①]	℃	p/mmHg[①]	℃	p/mmHg[①]
0	4.579	15	12.788	30	31.824	85	433.6
1	4.926	16	13.634	31	33.695	90	525.76
2	5.294	17	14.530	32	35.663	91	546.05
3	5.685	18	15.477	33	37.729	92	566.99
4	6.101	19	16.477	34	39.898	93	588.60
5	6.543	20	16.535	35	42.175	94	610.90
6	7.013	21	18.650	40	55.324	95	633.90
7	7.513	22	19.827	45	71.88	96	657.62
8	8.045	23	21.068	50	92.51	97	682.07
9	8.609	24	22.377	55	118.04	98	707.27
10	9.209	25	23.756	60	149.38	99	733.24
11	9.844	26	25.209	65	187.54	100	760.00
12	10.518	27	26.739	70	233.7		
13	11.231	28	28.349	75	289.1		
14	11.987	29	30.043	80	355.1		

① 1mmHg=133Pa。

附录Ⅴ 某些有机溶剂的主要物理常数

附表 16

名 称	化学式	相对密度 d_4^{20}	沸点或沸程/℃	20℃时在水中的溶解度	闪光点/℃	爆炸极限/% (体积分数)
苯	C_6H_6	0.897	80.1	0.08	−16	
甲苯	$C_6H_5CH_3$	0.866	110.8	0.05	5±	1.2～7.0
二甲苯(邻、对、间混合物)	$C_6H_4(CH_3)_2$	0.86～0.87	136～145	不溶	20±	—
汽油	—	0.69～0.73	40～200	不溶	<−25	—
甲醇	CH_3OH	0.7915	64.65	∞	0±	6.0～36.5
乙醇	C_2H_5OH	0.7893	78.4	∞	12	3.5～18.0
正丙醇	$n\text{-}C_3H_7OH$	0.8036	97.19	∞	15	2.5～8.7
异丙醇	$i\text{-}C_3H_7OH$	0.7851	82.5	∞	12	3.8～10.2
正丁醇	$n\text{-}C_4H_9OH$	0.8098	117.7	9(15℃)	28	3.7～10.2
异丁醇	$i\text{-}C_4H_9OH$	$0.806(d_4^{15})$	107	9.5	22	2.40
异戊醇	$i\text{-}C_5H_{11}OH$	$0.8110(d_4^{25})$	137.8	2.6	40	—
甘油	$C_3H_5(OH)_3$	1.2613	290(分解)	∞	—	—
乙醚	$C_2H_5OC_2H_5$	0.7135	34.5	7.5	−40	18.5～36.5
乙酸乙酯	$CH_3COOC_2H_5$	0.901	77.15	8.6(35℃)	−5	—
乙酸异戊酯	$CH_3COOC_5H_{11}$	0.876	142.5	0.2	25	—
丙酮	CH_3OCH_3	0.7898	56.5	∞	−20	2.55～12.80
环己酮	$CO(CH_2)_4CH_2$	0.9478	155.7	2.4(31℃)	−44	—
硝基苯	$C_6H_5NO_3$	1.2037	210.9	0.19	−20	—
吡啶	C_5H_5N	0.978	115.56	∞	20	1.8～12.4

附录Ⅵ　常用有机溶剂的纯化

有机溶剂不仅常用来作反应介质，而且在后处理和产物的纯化中也经常使用。市售有机溶剂有保证试剂（G. R.）、分析试剂（A. R.）、化学试剂（C. P.）及工业品等各种规格，一般纯度愈高，价格愈贵。在有机实验中，常常根据反应的特点和要求，选用适当规格的溶剂，以便使反应能顺利进行而又经济节约。某些有机试剂如 Grignard 试剂，对纯度要求较高，即使微量杂质或水分的存在，也会对反应速率、产率和产物纯度产生影响。为了满足实验室有机反应和制备的要求，往往对市售试剂进一步处理纯化。故了解实验室中有机溶剂性质及纯化方法，是十分重要的。有机溶剂的纯化，是有机实验室工作的一项基本操作，这里介绍了在实验室条件下，一般市售的普通溶剂的常用纯化方法。

1. 乙醚 （absolute ether）

b. p. 34.51℃，n_D^{20} 1.3526，d_4^{20} 0.71378

普通乙醚中常含有一定量的水、乙醇及少量过氧化物等杂质，这不仅影响反应的进行，且易发生危险。对于普通乙醚，首先要检验有无过氧化物，方法是：取少量乙醚与等体积的 2% 碘化钾溶液混合，再加入几滴稀盐酸一起振摇，若能使淀粉溶液呈紫色或蓝色，即证明有过氧化物存在。若除去过氧化物，可在分液漏斗中进行，即加入普通乙醚和相当于乙醚体积 1/5 的新配制硫酸亚铁溶液[1]，剧烈摇动后分液除去水溶液。然后按照下述操作进一步精制。

【步骤】

在 250mL 圆底烧瓶中，放置 100mL 普通乙醚和几粒沸石，装上回流冷凝管。冷凝管上端（通过带有侧槽的橡皮塞）插入盛有 10mL 浓硫酸[2] 的滴液漏斗。通入冷凝水，将浓硫酸慢慢滴入乙醚中，由于吸水作用所产生的热，乙醚会自行沸腾。加完后摇动反应物。

待乙醚停止沸腾后，拆下冷凝管，改成蒸馏装置。在收集乙醚的接收瓶支管上连一氯化钙干燥管，并用与干燥管连接的橡皮管把乙醚蒸气导入水槽。加入沸石后，用事先准备好的水浴加热蒸馏。蒸馏速度不宜太快，以免乙醚蒸气冷凝不下来而逸散室内[3]。当收集到约 70mL 乙醚，且蒸馏速度显著变慢时，即可停止蒸馏。瓶内所剩残液，倒入指定的回收瓶中，切不可将水加入残液中。

将蒸馏收集的乙醚倒入干燥的锥形瓶中，加入 1g 钠屑或 1g 钠丝，然后用带有氯化钙干燥管的软木塞塞住，或在木塞中插入一末端拉成毛细管的玻璃管，这样可以防止潮气侵入并可使产生的气体逸出。放置 24h 以上，使乙醚中残留的少量水和乙醇转化为氢氧化钠和乙醇钠。如不再有气泡逸出，同时钠的表面较好，则可贮放备用。如放置后，金属钠表面已全部发生作用，需重新压入少量钠丝，放置至无气泡发生。这种无水乙醚可符合一般无水要求[4]。

【附注】

[1] 硫酸亚铁溶液的配制，在 100mL 水中加入 6mL 浓硫酸，然后加入 60g 硫酸亚铁。硫酸亚铁溶液需在使用前临时配制。使用较纯的乙醚制取无水乙醚时，可免去硫酸亚铁溶液洗涤。

[2] 也可在 100mL 乙醚中加入 4～5g 无水氯化钙代替浓硫酸作干燥剂；并在下步操作中用五氧化二磷代替金属钠而制得合格的无水乙醚。

[3] 乙醚沸点低（34.51℃），极易挥发（20℃时蒸气压为 58.9kPa），且蒸气比空气重（约为空气的 2.5 倍），容易聚集在桌面附近或低凹处。当空气中含有 1.85%～3.65% 的乙醚蒸气时，遇火即会发生燃烧爆炸。故在使用和蒸馏过程中，一定要谨慎小心，远离火源。尽量不让乙醚蒸气散发到空气中，以免造成意外。

[4] 如需要更纯的乙醚时，则在除去过氧化物后，应再用 0.5% 高锰酸钾溶液与乙醚共振摇，使其中含有的醛类氧化成酸，然后依次用 5% 氢氧化钠溶液、水洗涤，经干燥、蒸馏，再压入钠丝。

2. 乙醇 （absolute ethyl alcohol）

b. p. 78.5℃，n_D^{20} 1.3611，d_4^{20} 0.7893

市售的无水乙醇一般只能达到 99.5% 的纯度，在许多反应中需用纯度更高的绝对乙醇，经常需自己制备。通常工业用的 95.5% 的乙醇不能直接用蒸馏法制取无水乙醇，因 95.5% 乙醇和 4.5% 的水形成恒沸点混合物。要把水除去，第一步是加入氧化钙（生石灰）煮沸回流，使乙醇中的水与生石灰作用生成氢氧化钙，然后再将无水乙醇蒸出。这样得到无水乙醇，纯度最高约 99.5%。纯度更高的无水乙醇可用金属镁或金属钠进行处理。

【步骤】

（1）无水乙醇（含量 99.5%）的制备

在 500mL 圆底烧瓶[1]中，放置 200mL 95% 乙醇和 50g 生石灰[2]，用木塞塞紧瓶口，放置至下次实验[3]。

下次实验时，拔去木塞，装上回流冷凝管，其上端接一氯化钙干燥管，在水浴上回流加热 2～3h，稍冷后取下冷凝管，改成蒸馏装置。蒸去前馏分后，用干燥的吸滤瓶或蒸馏瓶作接收器，其支管接一氯化钙干燥管，使与大气相通。用水浴加热，蒸馏至几乎无液滴流出为止。称量无水乙醇的质量或量其体积，计算回收率。

（2）绝对乙醇（含量 99.95%）的制备

① 用金属镁制取　在 250mL 的圆底烧瓶中，放置 0.6g 干燥纯净的镁条，10mL 99.5% 乙醇，装上回流冷凝管，并在冷凝管上端附加一只无水氯化钙干燥管。在沸水浴上或用火直接加热使之微沸，移去热源，立刻加入几粒碘片（注意，此时不要振荡），顷刻即在碘粒附近发生作用，最后可以达到相当剧烈的程度。有时作用太慢则需加热，如果在加碘之后，作用仍不开始，则可再加入数粒碘（一般地讲，乙醇与镁的作用是缓慢的，如所用乙醇含水量超过 0.5%，则作用尤其困难）。待全部镁已经作用完毕后，加入 100mL 99.5% 乙醇和几粒沸石。回流 1h，蒸馏，产物收存于玻璃瓶中，用一橡皮塞或磨口塞塞住。

② 用金属钠制取　装置和操作同①，在 250mL 圆底烧瓶中，放置 2g 金属钠[4]和 100mL 纯度至少为 99% 的乙醇，加入几粒沸石。加热回流 30min 后，加入 4g 邻苯二甲酸二乙酯[5]，再回流 10min。取下冷凝管，改成蒸馏装置，按收集无水乙醇的要求进行蒸馏。产品贮于带有磨口塞或橡皮塞的容器中。

【附注】

[1] 本实验中所用仪器均需彻底干燥。由于无水乙醇具有很强的吸水性，故操作过程中或存放时必须防止水分浸入。

[2] 一般用干燥剂干燥有机溶剂时，在蒸馏前应先过滤除去。但氧化钙与乙醇中的水反应生成的氢氧化钙，在加热时不分解，故可留在瓶中一起蒸馏。

[3] 若不放置，可适当延长回流时间。

〔4〕金属钠遇水即燃烧、爆炸，故使用时应严格防止与水接触。在称量或切片过程中应当迅速，以免空气中水汽侵蚀或氧化。

金属钠的颗粒大小直接影响反应速度，如实验室有压钠机，将钠压成钠丝，其操作步骤如下。

用镊子取贮存的金属钠块，用双层滤纸吸去溶剂油，用小刀切去表面，即放入经酒精洗净的压钠机中，将钠压成丝于带塞的容器中，取适量使用。如无压钠机，可将金属钠切成细条使用。

〔5〕加入邻苯二甲酸二乙酯的目的，是利用它和氢氧化钠反应生成邻苯二甲酸二钠。因此消除了乙醇和氢氧化钠生成乙醇钠与水的作用，这样制得的乙醇可达到极高的纯度。

3. 甲醇 (absolute methyl alcohol)

b. p. 64.96℃，n_D^{20} 1.3288，d_4^{20} 0.7914

市售的甲醇是由合成而来，含水量不超过 0.5%～1%。由于甲醇和水不能形成共沸物，为此可借高效的精馏柱将少量水除去。精制甲醇含有 0.02% 的丙酮和 0.1% 的水，一般已可应用。如要制得无水甲醇，可用镁的方法（见"无水乙醇"）。若含水量低于 0.1%，亦可用 3A 或 4A 型分子筛干燥。甲醇有毒，处理时应避免吸入其蒸气。

4. 苯 (benzene)

b. p. 80.1℃，n_D^{20} 1.5011，d_4^{20} 0.87865

普通苯含有少量水（可达 0.02%）；由煤焦油加工得来的苯，还含有少量噻吩（沸点 84℃），不能用分馏或分步结晶等方法分离除去。为制得无水、无噻吩的苯可采用下列方法。

在分液漏斗内，将普通苯及相当苯体积 15% 的浓硫酸一起摇荡，然后将混合物静置，弃去底层的酸液，再加入新的浓硫酸，这样重复操作，直至酸层呈现无色或淡黄色，且检验无噻吩为止。分去酸层，苯层依次用水、10% 碳酸钠溶液、水洗涤，用氯化钙干燥，蒸馏，收集 80℃ 的馏分。若要高度干燥可加入钠丝（见"乙醇"）进一步去水。由石油加工得来的苯，一般可省去除噻吩的步骤。

噻吩的检验：取 5 滴苯于小试管中，加入 5 滴浓硫酸及 1～2 滴 1% 的 α，β-吲哚醌-浓硫酸溶液，振荡片刻。如呈墨绿色或蓝色，表示有噻吩存在。

5. 丙酮 (acetone)

b. p. 56.2℃，n_D^{20} 1.3588，d_4^{20} 0.7899

普通丙酮中往往含有少量水及甲醇、乙醛等还原性杂质，可用下列方法精制。

(1) 用 100mL 丙酮中加入 0.5g 高锰酸钾回流，以除去还原性杂质，若高锰酸钾紫色很快消失，需要加入少量高锰酸钾继续回流，直至紫色不再消失为止。蒸出丙酮，用无水碳酸钾或无水硫酸钙干燥，过滤，蒸馏收集 55～56.5℃ 的馏分。

(2) 于 100mL 丙酮中加入 4mL 10% 硝酸银溶液及 35mL 0.1mol/L 氢氧化钠溶液，振荡 10min，除去还原性杂质，过滤。滤液用无水硫酸钙干燥后，蒸馏收集 55～56.5℃ 的馏分。

6. 乙酸乙酯 (ethyl acetate)

b. p. 77.06℃，n_D^{20} 1.3723，d_4^{20} 0.9003

市售的乙酸乙酯中含有少量水、乙醇和醋酸，可用下述方法精制。

(1) 于 100mL 乙酸乙酯中加入 10mL 醋酸酐、1 滴浓硫酸，加热回流 4h，除去乙醇及水等杂质，然后进行分馏。馏液用 2～3g 无水碳酸钾振荡干燥后蒸馏，最后产物的沸点为

77℃，纯度达 99.7%。

（2）将乙酸乙酯先用等体积 5% 碳酸钠溶液洗涤，再用饱和氯化钙溶液洗涤，然后用无水碳酸钾干燥后蒸馏。

7. 二硫化碳 （carbon disulfide）

b. p. 46.25℃，n_D^{20} 1.63189，d_4^{20} 1.2661

二硫化碳为有较高毒性的液体（能使血液和神经中毒），它具有高度的挥发性和易燃性，所以使用时必须十分小心，避免接触其蒸气。一般有机合成实验中对二硫化碳要求不高，可在普通二硫化碳中加入少量研碎的无水氯化钙，干燥后滤去干燥剂，然后在水浴中蒸馏收集。

若要制得较纯的二硫化碳，则需将试剂级的二硫化碳用 0.5% 高锰酸钾水溶液洗涤 3 次，除去硫化氢，再用汞不断振荡除去硫，最后用 2.5% 硫酸汞溶液洗涤，除去所有恶臭（剩余的硫化氢），再经氯化钙干燥，蒸馏收集。其纯化过程的反应式如下：

$$3H_2S + 2KMnO_4 \longrightarrow 2MnO_2 \downarrow + 3S \downarrow + 2H_2O + 2KOH$$

$$Hg + S \longrightarrow HgS \downarrow$$

$$HgSO_4 + H_2S \longrightarrow HgS + H_2SO_4$$

8. 氯仿 （chloroform）

b. p. 61.7℃，n_D^{20} 1.4459，d_4^{20} 1.4832

普通用的氯仿含有 1% 的稳定剂乙醇，这是为了防止氯仿分解为有毒的光气而加入的。为了除去乙醇，可以将氯仿用 1/2 体积的水振荡数次，然后分出下层氯仿，用无水氯化钙干燥数小时后蒸馏。

另一种精制方法是，将氯仿与少量浓硫酸一起振荡 2～3 次（每 1000mL 氯仿，用浓硫酸 50mL），分去酸层以后的氯仿用水洗涤，干燥，然后蒸馏。除去乙醇的无水氯仿应保存于棕色瓶子里，并且不要见光，以免分解。

9. 石油醚 （petroleum）

石油醚为轻质石油产品，是相对分子质量较低的烃类（主要是戊烷和己烷）的混合物。其沸程为 30～150℃，收集的温度区间一般为 30℃ 左右，如有 30～60℃、60～90℃、90～120℃ 等沸程规格的石油醚。石油醚中含有少量不饱和烃，沸点与烷烃相近，用蒸馏法无法分离，必要时可用浓硫酸和高锰酸钾把它除去。通常将石油醚用其体积 1/10 的浓硫酸洗涤 2～3 次，再用 10% 的硫酸加入高锰酸钾配成的饱和溶液洗涤，直至水层中的紫色不再消失为止。然后再用水洗，经无水氯化钙干燥后蒸馏。如要绝对干燥的石油醚则加入钠丝（见"乙醚"）。

10. 吡啶 （pyridine）

b. p. 115.5℃，n_D^{20} 1.5095，d_4^{20} 0.9819

分析纯的吡啶含有少量水分，但可供一般应用。如要制得无水吡啶，可与粒状氢氧化钾或氢氧化钠一同回流，然后隔绝潮气蒸出备用。干燥的吡啶吸水性很强，保存时应将容器口用石蜡封好。

11. *N,N*-二甲基甲酰胺 （*N,N*-dimethyl formamide）

b. p. 149～156℃，n_D^{20} 1.4305，d_4^{20} 0.9487

N,N-二甲基甲酰胺含有少量水分。在常压蒸馏时有些分解，产生二甲胺与一氧化碳。若有酸或碱存在时，分解加快，所以在加入固体氢氧化钾或氢氧化钠在室温放置数小时后，

即有部分分解。因此，最好用硫酸钙、硫酸镁、氧化钡、硅胶或分子筛干燥，然后减压蒸馏、收集 76℃/4.79kPa（36mmHg）的馏分。如果其中含水较多，可加入 1/10 体积的苯，在常压及 80℃ 以下蒸去水和苯，然后用硫酸镁或氧化钡干燥，再进行减压蒸馏。

N,N-二甲基甲酰胺中如有游离胺存在，可用 2,4-二硝基氟苯产生颜色来检查。

12. 四氢呋喃（tetrahydrofuran）

b. p. 67℃，n_D^{20} 1.4050，d_4^{20} 0.8892

四氢呋喃是其乙醚气味的无色透明液体。市售的四氢呋喃常含有少量水分及过氧化物。如要制得无水四氢呋喃，可与氢化锂铝在隔绝潮气下回流（通常 1000mL 需 2～4g 氢化锂铝）除去其中的水和过氧化物，然后在常压下蒸馏，收集 66～67℃ 的馏分。精制后的液体应在氮气氛中保存，如需较久放置，应加 0.025％ 的 2,6-二叔丁基-4-甲基苯酚作抗氧剂。处理四氢呋喃时，应先用小量试剂进行试验，以确定只有少量水和过氧化物，作用不致过于猛烈时，方可进行。

四氢呋喃中的过氧化物，可用酸化的碘化钾溶液来试验。如过氧化物很多，应以另行处理为宜。

13. 二甲亚砜（dimethyl sulfone）

b. p. 189℃（m. p. 185℃），n_D^{20} 1.4783，d_4^{20} 1.0954

二甲亚砜为无色、无臭、微带苦味的吸湿性液体。常压下加热至沸腾可部分分解。市售二甲亚砜含水量约为 1％，通常先减压蒸馏，然后用 4A 型分子筛干燥；或用氢化钙粉末搅拌 4～8 h，再减压蒸馏收集 64～65℃/533Pa（4mmHg）馏分。蒸馏时，温度不宜高于 90℃，否则会发生歧化反应生成二甲砜和二甲硫醚。二甲亚砜与某些物质混合时可能发生爆炸，如氢化钠、高碘酸或高氯酸镁等，应予注意。

14. 二氧六环（dioxane）

b. p. 101.5℃（m. p. 12℃），n_D^{20} 1.4224，d_4^{20} 1.0336

二氧六环作用与醚相似，可与水任意混合。普通二氧六环中含有少量二乙醇缩醛与水，久贮的二氧六环还可能含有过氧化物。

二氧六环的纯化，一般加入 10％ 质量的浓盐酸与之回流 3h，同时慢慢通入氮气，以除去生成的乙醛，冷至室温，加入粒状氢氧化钾直至不再溶解。然后分去水层，用粒状氢氧化钾干燥过夜后，过滤，再加金属钠加热回流数小时，蒸馏后压入钠丝保存。

15. 1,2-二氯乙烷（1,2-dichloroethane）

b. p. 83.4℃，n_D^{20} 1.4448，d_4^{20} 1.2531

1,2-二氯乙烷为无色油状液体，有芳香味。溶于 120 份水中；可与水形成恒沸混合物，沸点 72℃，其中含 81.5％ 的 1,2-二氯乙烷。可与乙醇、乙醚、氯仿等相混溶。在结晶和提取时是极有用的溶剂，比常用的含氯有机溶剂更为活泼。

一般纯化可依次用浓硫酸、水、稀碱溶液和水洗涤，用无水氯化钙干燥或加入五氧化二磷分馏即可。

附录Ⅶ　危险化学药品的使用与保存

根据常用的一些化学药品的危险性，实验室的化学危险药品大体可分为易燃、易爆和有毒三类。现分述如下。

一、易燃化学药品

可燃气体：乙炔、氯乙烷、乙烯、煤气、氢气、氧气、硫化氢、甲烷、氯甲烷、二氧化硫等。

易燃液体：汽油、乙醚、乙醛、二硫化碳、石油醚、苯、甲苯、二甲苯、丙酮、乙酸乙酯、甲醇、乙醇等。

易燃固体：红磷、三硫化二磷、萘、镁、铝粉等；黄磷为自燃固体。

从上可以看出，大部分有机溶剂，均为易燃物质，如使用或保管不当，极易引起燃烧事故，故需特别关注有关注意事项，本书在实验室一般知识部分及有关章节已经叙述。

二、易爆炸化学药品

气体混合物的反应速率因成分而异，当反应速率达到一定限度时，即会引起爆炸。

经常使用的乙醚，不但其蒸气能与空气或氧混合，形成爆炸混合物；放置长久的乙醚被氧化生成过氧化物后，在蒸馏时也会引起爆炸。此外，四氢呋喃等环醚亦会因产生过氧化物而引起爆炸。

某些反应速率较高的放热反应，因生成大量气体也会引起爆炸并伴随着发生燃烧。

一般说来，易爆物质大多含有以下结构或官能团：

—O—O—	臭氧、过氧化物
—O—Cl	氯酸盐、高氯酸盐
=N—Cl	氮的氯化物
—N=O	亚硝基化合物
—N=N—	重氮及叠氮化合物
—N=C	雷酸盐
—NO$_2$	硝基化合物（三硝基甲苯、苦味酸盐）
—C≡C—	乙炔化合物（乙炔金属盐）

能自行爆炸的试剂有：高氯酸铵、硝酸铵、浓高氯酸、雷酸汞、三硝基甲苯等。

混合后能发生爆炸的有以下物质。

(1) 高氯酸与酒精或其他有机物；

(2) 高锰酸钾与甘油或其他有机物；

(3) 高锰酸钾与硫酸或硫；

(4) 硝酸与镁或碘化氢；

(5) 硝酸铵与酯类或其他有机物；

(6) 硝酸铵与锌粉、水；

(7) 硝酸盐与氯化亚锡；

(8) 过氧化物、铝与水；

(9) 硫与氧化汞；

(10) 金属钠或钾与水。

氧化物与有机物接触，极易引起爆炸。在使用浓硝酸、高氯酸及过氧化氢等时，必须特别注意。

除本书已叙述的知识外，实验室防止爆炸事故的发生，还必须注意以下几点。

（1）进行可能爆炸的实验，必须在特殊设计的防爆炸设备中进行；使用可能发生爆炸的化学药品时，必须做好个人防护，戴面罩或防护眼镜，在不碎玻璃通风橱中进行操作；并设法减少药品用量或浓度，进行小量试验。对于不了解性能的实验，切勿大意。

（2）苦味酸须保存在水中，某些过氧化物如过氧化苯甲酰之类，必须加水保存。

（3）易爆炸残渣必须妥善处理，不得任意乱丢。

三、有毒化学药品

我们日常接触的化学药品，有些是剧毒药品，使用时必须十分谨慎；有些药品长期接触或接触过多，也会引起急性或慢性中毒，影响健康。但只要掌握使用毒物的规则和防护措施，则可避免或把中毒机会减少到最低程度，且能培养敢于使用毒物的勇气。

有毒化学药品通常由下列途径侵入人体。

（1）由呼吸道侵入。故有毒实验必须在通风橱内进行，并经常注意室内空气流畅。

（2）由皮肤黏膜侵入。眼睛的角膜对化学药品非常敏感，故进行实验时，必须戴防护眼镜；进行实验操作时，注意勿使药品直接接触皮肤，手或皮肤有伤口时更需特别小心。

（3）由消化道侵入。这种情况不多，为防止中毒，任何药品不得用口尝味，严禁在实验室用食、喝水，实验结束后必须洗手。

实验室有毒化学药品，可以分成以下几类来认识。

1. 有毒气体

溴、氯、氟、氰氢酸、氟化氢、溴化氢、氯化氢、二氧化硫、硫化氢、光气、氨、一氧化碳等均为窒息性或具刺激性气体。如果涉及以上气体，实验必须在通风良好的通风橱中进行，并设法吸收有毒气体减少环境污染。如遇大量有害气体逸散至室内，应立即关闭气体发生装置，迅速停止实验，关闭火源、电源，离开现场。如果发生伤害事故，应视情况及时加以处理。

2. 强酸和强碱

硝酸、硫酸、盐酸、氢氧化钠、氢氧化钾等均刺激皮肤，有腐蚀作用，造成化学烧伤。吸入强酸烟雾，刺激呼吸道，使用时应倍加小心，并严格按规定的操作进行。

3. 无机化学药品

氰化物及氰氢酸：毒性极强，致毒作用极快，空气中氰化氢含量达万分之三，数分钟内即可致人死亡，使用时须特别注意。氰化物必须密封保存；要有严格的领用保管制度，取用时必须戴口罩、防护眼镜及手套，手上有伤口时不得进行使用氰化物的实验；研碎氰化物时，必须用有盖研钵，在通风橱进行（不抽风）；使用过的仪器、桌面均得亲自收拾，用水冲净；手及脸亦应仔细洗净；实验服可能污染，必须及时换洗。

汞：室温下即能蒸发，毒性极强，能导致急性或慢性中毒。使用时必须注意室内通风；提纯或处理，必须在通风橱内进行；如果泼翻，可用水泵减压收集，尽可能收集完全。无法收集的细粒，可用硫黄粉、锌粉或三氯化铁溶液清除。

溴：液溴可致皮肤烧伤，蒸气刺激黏膜，甚至可使眼睛失明。使用时必须在通风橱中进行；盛溴的玻璃瓶须密塞后放在金属罐中，妥为存放，以免撞倒或打翻；如泼翻或打破，应立即用砂掩盖；如皮肤灼伤立即用稀乙醇洗或多量甘油按摩，然后涂以硼酸、凡士林。

金属钠、钾：遇水即发生燃烧爆炸，使用时须小心。钠、钾应保存在液体石蜡或煤油中，装入铁罐中盖好，放在干燥处。

4. 有机化学药品

有机溶剂：有机溶剂为脂溶性液体，对皮肤黏膜有刺激作用，对神经系统有选择作用。如苯，不但刺激皮肤，易引起顽固湿疹，对造血系统及中枢神经系统均有严重损害。再如甲醇，对视神经特别有害。在条件许可情况下，最好用毒性较低的石油醚、醚、丙酮、甲苯、二甲苯代替二硫化碳、苯和卤代烃类。

硫酸二甲酯：吸入及皮肤吸收均可中毒，且有潜伏期，中毒后感到呼吸道灼痛，对中枢神经影响大，滴在皮肤上能引起坏死、溃疡，恢复慢。

芳香硝基化合物：化合物所含硝基愈多毒性愈大，在硝基化合物中增加结合氯原子，亦将增加毒性。此类化合物的特点是能迅速被皮肤吸收，中毒后引起顽固性贫血及黄疸病，刺激皮肤引起湿疹。

苯酚：能灼伤皮肤，引起坏死或皮炎，沾染后应立即用温水及稀酒精洗。

生物碱：大多数具强烈毒性，皮肤亦可吸收，少量可导致危险中毒甚至死亡。

致癌物：很多的烷基化剂，长期摄入体内有致癌作用，应予注意。其中包括硫酸二甲酯、对甲苯磺酸甲酯、N-甲基-N-亚硝基尿素、亚硝基二甲胺、偶氮乙烷以及一些丙烯酯类等。一些芳香胺类，由于在肝脏中经代谢而生成 N-羟基化合物而具有致癌作用，其中包括2-乙酰氨基芴、4-乙酰氨基联苯、2-乙酰氨基苯酚、2-萘胺、4-二甲氨基偶氮苯等。部分稠环芳香烃化合物，如3,4-苯并蒽、1,2,5,6-二苯并蒽、9-及10-甲基-1,2-苯并蒽等，都是致癌物，而9,10-二甲基-1,2-苯并蒽则属于强致癌物。

使用有毒药品时必须小心，了解其性质与使用方法。避免有毒药品沾污皮肤、溅入口中或吸入其蒸气。最好在通风橱内操作，必要时戴防护眼镜及手套，小心开启瓶塞或安瓿瓶，以免破损洒出。使用过的仪器，应亲自冲洗干净，残渣废料丢在废物缸内。经常保持实验室及台面整洁，也可减少事故的发生。实验结束后必须养成洗手的习惯。手上抹少许油脂，保持皮肤润滑，对保护皮肤也很有好处。

参 考 文 献

[1] 邢其毅，徐瑞秋，周正，等．基础有机化学（上、下）．第 3 版．北京：高等教育出版社，2002.

[2] 陆涛．有机化学．第 7 版．北京：人民卫生出版社，2011.

[3] 唐玉海．医用有机化学．北京：高等教育出版社，2007.

[4] 胡宏纹．有机化学．第 3 版．北京：高等教育出版社，2006.

[5] 龙盛京．有机化学实验教程．北京：高等教育出版社，2007.

[6] 刘毅敏．医学化学实验．北京：科学出版社，2010.

[7] 赵剑英 孙桂滨．有机化学实验．北京：化学工业版社，2009

[8] 林筱华．有机化学实验．北京：科学出版社，2010.

[9] 李兆陇．有机化学实验．北京：清华大学出版社，2001.

[10] 姜艳．有机化学实验．北京：化学工业出版社，2010.

[11] 程青芳．有机化学实验．南京：南京大学出版社，2006.

[12] 阴金香．基础有机化学实验．北京：清华大学出版社，2010.

[13] 关烨第．医学化学实验．北京：北京大学出版社，2002.

[14] 李吉海，刘金庭．基础化学实验（II）——有机化学实验．第 2 版．北京：化学工业出版社，2007.